Mathematische Methoden in der Technik

B. G. Teubner Stuttgart

Mathematische Methoden
in der Technik 3

P. Spellucci / W. Törnig
Eigenwertberechnung
in den Ingenieurwissenschaften

Mathematische Methoden in der Technik

Herausgegeben von

Prof. Dr. rer. nat. Jürgen Lehn, Technische Hochschule Darmstadt
Prof. Dr. rer. nat. Helmut Neunzert, Universität Kaiserslautern
o. Univ.-Prof. Dr. rer. nat. Hansjörg Wacker, Universität Linz

Band 3

Die Texte dieser Reihe sollen die Anwender der Mathematik — insbesondere die Ingenieure und Naturwissenschaftler in den Forschungs- und Entwicklungsabteilungen und die Wirtschaftswissenschaftler in den Planungsabteilungen der Industrie — über die für sie relevanten Methoden und Modelle der modernen Mathematik informieren. Es ist nicht beabsichtigt, geschlossene Theorien vollständig darzustellen. Ziel ist vielmehr die Aufbereitung mathematischer Forschungsergebnisse und darauf aufbauender Methoden in einer für den Anwender geeigneten Form: Erläuterung der Begriffe und Ergebnisse mit möglichst elementaren Mitteln; Beweise mathematischer Sätze, die bei der Herleitung und Begründung von Methoden benötigt werden, nur dann, wenn sie zum Verständnis unbedingt notwendig sind; ausführliche Literaturhinweise; typische und praxisnahe Anwendungsbeispiele; Hinweise auf verschiedene Anwendungsbereiche; übersichtliche Gliederung, die ein „Springen in den Text" erleichtert. Die Texte sollen Brücken schlagen von der mathematischen Forschung an den Hochschulen zur mathematischen Arbeit in der Wirtschaft und durch geeignete Interpretationen den Transfer mathematischer Forschungsergebnisse in die Praxis erleichtern. Es soll auch versucht werden, den in der Hochschulforschung Tätigen die Wahrnehmung und Würdigung mathematischer Leistungen der Praxis zu ermöglichen.

Eigenwertberechnung in den Ingenieurwissenschaften

Mit einer Einführung in die Numerik
linearer Gleichungssysteme

Von Prof. Dr. rer. nat. Peter Spellucci
und Prof. Dr. rer. nat. Willi Törnig
Technische Hochschule Darmstadt

 B. G. Teubner Stuttgart 1985

Prof. Dr. rer. nat. Peter Spellucci

Von 1962 bis 1968 Studium an der Universität Mainz. 1968 erstes Staatsexamen für das höhere Lehramt. 1968 Verwalter einer Assistentenstelle am Institut für Angewandte Mathematik der Universität Mainz. Von 1968 bis 1972 wissenschaftlicher Mitarbeiter am Universitätsrechenzentrum Ulm. 1972 Promotion. Von 1972 bis 1977 wissenschaftlicher Assistent am Fachbereich Mathematik der Universität Mainz. Von 1977 bis 1978 Fachhochschullehrer im Angestelltenverhältnis und von 1978 bis 1979 Professor (FHL) an der Gesamthochschule Wuppertal. Seit 1980 Professor an der Technischen Hochschule Darmstadt.

Prof. Dr. rer. nat. Willi Törnig

Von 1951 bis 1956 Studium an der FU und TU Berlin, 1956 Diplom, 1956/57 Mitarbeiter in einer Versicherungsgesellschaft und von 1957 bis 1962 wissenschaftlicher Assistent an der TU Clausthal in Clausthal-Zellerfeld. 1958 Promotion, 1962 Habilitation, 1963 Oberingenieur, 1965 Wissenschaftlicher Rat und Professor an der TU Clausthal. Von 1967 bis 1972 Ordentlicher Professor für Mathematik an der TH Aachen und Direktor des Zentralinstituts für Angewandte Mathematik der Kernforschungsanlage Jülich, ab 1972 Ordentlicher Professor an der TH Darmstadt.

CIP-Kurztitelaufnahme der Deutschen Bibliothek

Spellucci, Peter:
Eigenwertberechnung in den Ingenieurwissenschaften :
mit e. Einf. in d. Numerik linearer Gleichungssysteme
von Peter Spellucci u. Willi Törnig. –
Stuttgart : Teubner, 1985
  (Mathematische Methoden in der Technik ; Bd. 3)
  ISBN 978-3-519-02615-0   ISBN 978-3-322-94677-5 (eBook)
  DOI 10.1007/978-3-322-94677-5
NE: Törnig, Willi:; GT

Gesamtherstellung: J. Illig, Göppingen
Umschlaggestaltung: W. Koch, Sindelfingen

<u>Vorwort</u>

Der vorliegende Band entstand aus Texten, die im Rahmen des "Modellversuch
zur mathematischen Weiterbildung" der Universität Kaiserslautern entstanden.
Er soll Ingenieure, Mathematiker und Naturwissenschaftler in der Praxis
und an Hochschulen über einige numerische Methoden der linearen Algebra
informieren, die für technische Fragestellungen von besonderer Bedeutung
sind.

Der erste Teil enthält neben einem kurzen Repetitorium über Grundlagen der
linearen Algebra Methoden zur Lösung linearer Gleichungssysteme.Es werden
einige direkte und iterative Verfahren betrachtet. Insbesondere werden
Verfahren zur Lösung von großen schwach besetzten linearen Gleichungssystemen, wie sie etwa bei der Anwendung der Methode der finiten Elemente
entstehen, untersucht.

Die numerische Berechnung und die Analyse von Schwingungen (Modal-Analyse)
führen auf die Lösung von Matrizen-Eigenwertproblemen. Diesen ist der
zweite und größere Hauptteil des Buchs gewidmet. Nach einer ausführlichen
Beschreibung der zu behandelnden Aufgaben werden die wichtigsten numerischen
Verfahren zur Berechnung der Eigenwerte und Eigenvektoren verschieden-
artiger Matrizen behandelt. Darunter befinden sich sowohl Verfahren zur
Berechnung einzelner als auch solche zur Berechnung aller Eigenwerte und
Eigenvektoren. Auch neueste Entwicklungen werden berücksichtigt, soweit sie
für Ingenieuraufgaben von Bedeutung sein können. Viele numerische Hin-
weise ergänzen die Darstellung.

Die Fülle des Stoffes und der begrenzte Umfang des Buches erfordern eine
knappe Darstellung. Durch Verzicht auf Beweise und mit eingestreuten Beispielen
aber auch durch gezielte Literaturhinweise, hoffen wir, dieser Tatsache
angemessen Rechnung zu tragen. Wir sind für kritische Hinweise jedoch dankbar.

Darmstadt, Juni 1985   P. Spellucci   W. Törnig

INHALTSVERZEICHNIS

1. MATRIZEN UND LINEARE GLEICHUNGSSYSTEME

In vielen Bereichen der Technik treten lineare Gleichungssysteme meist als
sekundäre Probleme auf. Sie entstehen etwa dadurch, daß eine vorliegende mathematische Aufgabe durch Anwendung einer numerischen Methode auf ein lineares
Gleichungssystem - sozusagen ein Ersatzproblem - zurückgeführt wird. Oft handelt es sich hierbei um große und extrem große Gleichungssysteme, die dann
allerdings schwach besetzt sind, d.h. daß in jeder einzelnen Gleichung des
Systems nur einige wenige Unbekannte auftreten. Ein typisches Beispiel hier-
für liefert die Anwendung der Methode der finiten Elemente.

Es ist daher notwendig, zuverlässige numerische Verfahren zur Lösung von
Gleichungssystemen zu kennen. Solche Verfahren sollen in diesem Kapitel vor-
gestellt werden. Sie lassen sich in direkte und iterative Verfahren unter-
teilen. Allerdings koppelt man manchmal auch ein direktes mit einem iterativen Verfahren. Die direkten Verfahren liefern die Lösung in endlich vielen
Rechenschritten, allerdings nur dann, wenn man in unrealistischer Weise
rundungsfreie Rechnung voraussetzt.
Iterative Verfahren sind oft dann geeignet, wenn die Matrix des Gleichungssystems "fast singulär" ist.

Zum besseren Verständnis der Algorithmen zur Lösung linearer Gleichungssysteme stellen wir einen Abschnitt über Matrizen voran, der den Charakter
eines kurzen Repetitoriums hat.

1.1 BEZEICHNUNGEN, SPEZIELLE MATRIZEN

Wie bereits erwähnt, wollen wir zunächst als Wiederholung kurz auf das Rechnen mit Matrizen eingehen.

Wir können eine Matrix rein formal als Zahlenschema auffassen:

$$(1.1\text{-}1) \qquad A = \begin{pmatrix} a_{11} & a_{12}\cdots a_{1n} \\ \vdots & \\ a_{m1} & a_{m2}\cdots a_{mn} \end{pmatrix} \qquad m \times n\text{-Matrix.}$$

Dabei sind die $a_{i,j}$, $i=1,\ldots,m$; $j=1,\ldots,n$ reelle oder komplexe Zahlen. Aus der Sicht der Technik dienen Matrizen besonders zur <u>Strukturbeschreibung</u>. Vorab betrachten wir etwa eine einfache Strukturbeschreibung anhand eines elektrischen Netzwerkes:

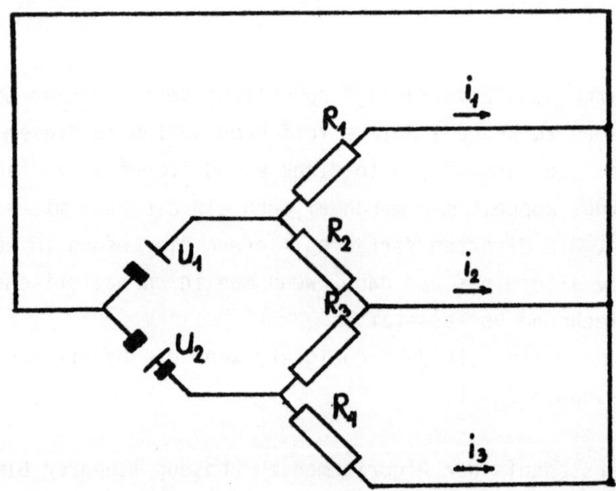

Für das abgebildete elektrische Netzwerk gilt

$$i_1 = \frac{1}{R_1}\, U_1$$

$$i_2 = \frac{1}{R_2}\, U_1 + \frac{1}{R_3}\, U_2$$

$$i_3 = \qquad\quad \frac{1}{R_4}\, U_2.$$

Das kann auch in der Form geschrieben werden

$$\begin{pmatrix} i_1 \\ i_2 \\ i_3 \end{pmatrix} = \begin{pmatrix} \frac{1}{R_1} & 0 \\ \frac{1}{R_2} & \frac{1}{R_3} \\ 0 & \frac{1}{R_4} \end{pmatrix} \begin{pmatrix} u_1 \\ u_2 \end{pmatrix}$$

oder

$$i = Au$$

die Matrix A bezeichnet man als "Leitmatrix".

Gilt m = n, so nennt man die Matrix <u>quadratisch</u>.Aus dem obigen Beispiel allein kann man erkennen, daß in der Technik zur Beschreibung von Strukturen nicht nur quadratische Matrizen auftreten.

Für n = 1 entsteht eine m × 1-Matrix, die man auch als <u>Vektor</u> bezeichnet, eine Definition, die wir später noch rechtfertigen werden.

Wir setzen voraus, daß die elementaren Rechenregeln über das Rechnen mit Matrizen bekannt sind (Addition, Multiplikation, Inverse Matrix).

Häufig ist es nützlich, Matrizen wie folgt durch ein allgemeines Element zu beschreiben:

$$A := (a_{ij}), i = 1,\ldots,m;\ j = 1,\ldots,n$$
$$B := (b_{k\ell}), k, \ell = 1,\ldots,n \qquad \text{usw.}$$

Dabei lassen wir, wenn kein Irrtum zu befürchten ist, sogar noch die Angabe fort, welche Zahlenwerte die Indizes durchlaufen sollen.
Wenngleich wir uns hier in erster Linie mit reellen Matrizen befassen wollen, sei noch kurz auf <u>komplexe Matrizen</u> eingegangen. Mit $a_{k\ell} = b_{k\ell} + ic_{k\ell}$,

i := $\sqrt{-1}$, kann man eine komplexe Matrix auch schreiben

(1.1.-2) $A = B + iC$, B,C reelle Matrizen

Die zugehörige <u>konjugiert komplexe Matrix</u> lautet dann $\bar{A} = B - iC$. Sei $G = (g_{ij})$ eine beliebige reelle Matrix, so bezeichnet man $G^T = (g_{ji})$ als die <u>zu G transponierte Matrix</u> (G^T entsteht aus G durch Vertauschen von Zeilen und Spalten in entsprechender Numerierung).

Eine reelle Matrix G heißt symmetrisch, wenn $G = G^T$ ist.
Es gelten die Rechenregeln

$$(G+H)^T = G^T + H^T \ , \ (G \cdot H)^T = H^T \cdot G^T \quad G,H : m \times n\text{-Matrizen}.$$

Sind G und H quadratische Matrizen und gilt

$$G \cdot H = I, \quad I := \begin{bmatrix} 1 & & & \\ & 1 & & 0 \\ & & \ddots & \\ 0 & & & 1 \end{bmatrix} \ ,$$

so heißt G Inverse von H und H Inverse von G, in Zeichen

$$G = H^{-1} \ , \ H = G^{-1}$$

Es ist offenbar $(H^{-1})^{-1} = H$, $(G^{-1})^{-1} = G$.
Man nennt I die <u>Einheitsmatrix</u>.

Kehren wir nun noch einmal zurück zu den komplexen Matrizen:
Da in $A = B + iC$ die Matrizen B und C reell sind, kann man $A^T = B^T + iC^T$ setzen. Für die Anwendungen wichtiger als A^T ist aber die komplexe Matrix $A^* := \bar{A}^T = B^T - iC^T$.
Man nennt A <u>hermitesch</u> *), wenn $A = A^*$. Ist A reell, d.h. C = 0 (Nullmatrix), so gilt $A^* = A^T$.

---

*)Nach dem französischen Mathematiker Charles Hermite, 1822-1901

Es seien dann noch einmal folgende Bezeichnungen von Matrizen in die Erinnerung zurückgerufen:

Eine (reelle oder komplexe) Matrix A heißt

a) symmetrisch   , wenn $A = A^T$

b) hermitesch   , wenn $A = A^*$

c) schiefsymmetrisch , wenn $A = -A^T$

d) schiefhermitesch , wenn $A = -A^*$

e) orthogonal   , wenn $A^T = A^{-1}$

f) unitär   , wenn $A^* = A^{-1}$

g) normal   , wenn $A \cdot A^* = A^* \cdot A$ gilt.

Ist A reell, so fallen a) mit b), c) mit d), e) mit f) zusammen und g) lautet $A \cdot A^T = A^T \cdot A$.

In den technischen Anwendungen begegnet man häufig Matrizen mit einer speziellen Struktur. Solche Matrizen und ihre Eigenschaften wollen wir hier kurz betrachten.

Eine quadratische Matrix A heißt Bandmatrix, wenn sie die Gestalt

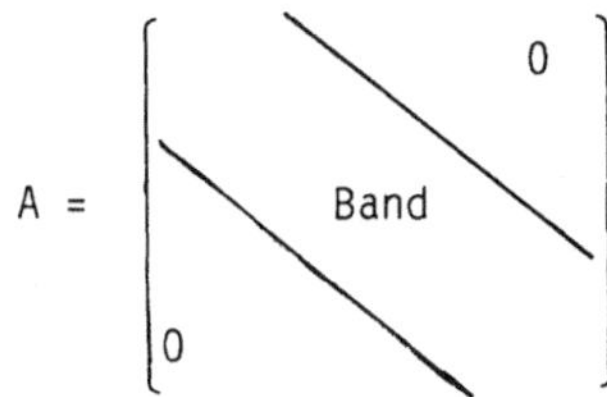

besitzt.

Besonders häufig treten Bandmatrizen in folgender Form auf:

a) Diagonalmatrix:

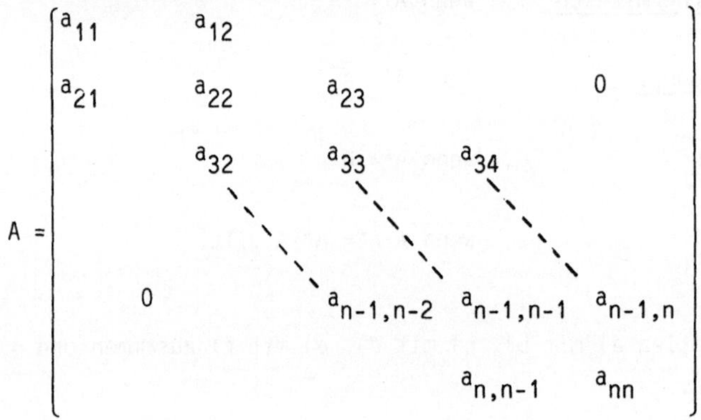

$$A = \begin{bmatrix} a_{11} & & \\ & \ddots & 0 \\ 0 & & \\ & & a_{nn} \end{bmatrix}$$

In A stehen außerhalb der Hauptdiagonalen nur Nullen.

b) Tridiagonalmatrix:

$$A = \begin{bmatrix} a_{11} & a_{12} & & & & \\ a_{21} & a_{22} & a_{23} & & 0 & \\ & a_{32} & a_{33} & a_{34} & & \\ & & \ddots & \ddots & \ddots & \\ & 0 & a_{n-1,n-2} & a_{n-1,n-1} & a_{n-1,n} \\ & & & a_{n,n-1} & a_{nn} \end{bmatrix}$$

In A stehen außerhalb der Hauptdiagonalen und der beiden benachbarten Nebendiagonalen nur Nullen.

c) Blockdiagonalmatrix:

$$A = \begin{bmatrix} A_1 & & \\ & \ddots & 0 \\ 0 & & \\ & & A_s \end{bmatrix}$$

Dabei sind $A_1,\ldots,A_s$ quadratische Matrizen, die jedoch nicht alle die gleiche Ordnung haben müssen. Haben $A_1,\ldots,A_s$ die Ordnungen $p_1,\ldots p_s$, so muß natürlich $p_1 +\ldots+p_s = n$ gelten.

d)   <u>Blocktridiagonalmatrix</u> :

$$A = \begin{bmatrix} A_1 & & C_1 & & & \\ B_2 & & A_2 & & C_2 & & 0 \\ & \ddots & & \ddots & & \ddots & \\ & & B_{s-1} & & A_{s-1} & & C_{s-1} \\ 0 & & & & B_s & & A_s \end{bmatrix}$$

Dabei sind die A_k, B_k, C_k Matrizen, die A_k müssen quadratisch sein.
In praktisch auftretenden Fällen sind die A_k oft selbst wieder
Tridiagonal- oder sogar Diagonalmatrizen.

1.2 VEKTORNORMEN, MATRIXNORMEN

Der euklidische Abstand eines Punktes $x := (x_1,x_2)^T$ in der Ebene vom Null-
punkt ist $||x|| := \sqrt{x_1^2 + x_1^2}$. Ist allgemein $x := (x_1,\ldots,x_n)^T$ ein beliebiger
Punkt des $\mathbb{R}^n$, in Zeichen : $x \in \mathrm{IR}^n$, so ist sein euklidischer Abstand vom
Nullpunkt

$$(1.2-1) \qquad\qquad ||x|| := \sqrt{x_1^2 + \ldots + x_n^2} \; .$$

Man nennt $||x||$ auch die <u>euklidische Norm</u> von x, der $\mathbb{R}^n$ wird durch die Ein-
führung der Norm <u>normiert</u>.

In dem normierten Raum $\mathbb{R}^n$ können jetzt Längen und Abstände gemessen werden.
So ist z.B. der Abstand der beiden Punkte $x := (x_1,\ldots,x_n)^T$ und
$y := (y_1,\ldots,y_n)^T$, wie mit Hilfe einer Verschiebung unmittelbar einzusehen
ist, der gleiche, wie der Abstand des Vektors $z := x-y$ vom Nullpunkt.

Man erhält daher

$$(1.2\text{-}2) \qquad ||z|| := \sqrt{z_1^2 + \ldots + z_n^2} = \quad x\text{-}y := \sqrt{(x_1-y_1)^2 + \ldots + (x_n-y_n)^2} \; .$$

Der euklidische Abstand in einem reellen Raum ist sozusagen natürlich und - zumindest für n = 2,3 - unmittelbar anschaulich. Das ist anders, wenn wir den komplexen Raum $\mathbb{C}^n$ betrachten, der aus den Punkten $x := (x_1, \ldots, x_n)^T$ mit $x_k = u_k + iv_k$, k = 1,...,n besteht. Rein formal können wir aber auch den $\mathbb{C}^n$ durch die reelle Zahl

$$(1.2\text{-}3) \qquad \begin{aligned} ||x|| &:= \sqrt{|x_1|^2 + \ldots + |x_n|^2} \\ &= \sqrt{u_1^2 + \ldots + u_n^2 + v_1^2 + \ldots + v_n^2} \end{aligned}$$

normieren. Diese Normierung ist sogar eine Verallgemeinerung, denn ist x reell, so gilt wegen $v_k = 0$, k = 1,...,n, $|x_k|^2 = x_k^2$. Man nennt (1.2-3) wieder die euklidische Norm von $x := u + iv$.

Die bisher betrachteten Normen genügen sämtlich folgenden Normaxiomen, wie man sich leicht überlegt

$$(1.2\text{-}4)$$

1. $||x|| > 0$ für $x \neq 0$ (0 ist Nullvektor)

2. $|| x+y || \leq || x || + || y ||$ für beliebige $x, y \in \mathbb{R}$ bzw. $\in \mathbb{C}^n$

3. $|| ax || = |a| \cdot || x ||$ für jede reelle oder komplexe Zahl a.

Im Prinzip würde es genügen, die Normaxiome für den $\mathbb{C}^n$ zu definieren, denn der $\mathbb{R}^n$ ist ja ein _Teilraum_ des $\mathbb{C}^n$, in Zeichen: $\mathbb{R}^n \subset \mathbb{C}^n$. Die Normeigenschaften von $\mathbb{R}^n$ ergeben sich daher auch aus denen von $\mathbb{C}^n$ durch Spezialisierung auf reelle Punkte.

Aus 3. ergibt sich noch für a = 0 die Normeigenschaft $||0x|| = ||0|| = |0| \; ||x||=0$, d.h. die Norm des Nullpunktes ist Null. Wegen 1. ist der Nullpunkt aber auch der einzige Punkt, dessen Norm die Null ist.

Es ist bei verschiedenen Rechnungen mit Vektoren von Vorteil, eine andere als die euklidische Norm zu verwenden. Wir bezeichnen daher jede reelle Zahl $||x||$, welche einem Punkt $x \in \mathbb{C}^n$ (bzw. $x \in \mathbb{R}^n$) zugeordnet ist und die Axiome (1.1-6) erfüllt, als Norm von x. Das ist sinnvoll, da ja $||x||$ in der Tat die Eigenschaft einer Länge bzw. eines Abstandes hat. Da jeder Punkt $x \in \mathbb{C}^n$ (bzw. $x \in \mathbb{R}^n$) auch als Vektor aufgefaßt werden kann, nennt man solche Norm auch <u>Vektornorm</u>, die Axiome (1.2-4) auch Axiome für <u>Vektornormen</u>.

Für die Anwendungen sind nun drei Vektornormen von besonderer Bedeutung, die wir gleich für den $\mathbb{C}^n$ definieren. Eine von ihnen ist die oben schon definierte euklidische Vektornorm, die wir künftig zur Unterscheidung von den anderen mit $||x||_2$ bezeichnen wollen. Insgesamt handelt es sich dann um folgende Normen:

$$
\begin{aligned}
&1. \quad ||x||_1 := \sum_{\nu=1}^{n} |x_\nu| &&\underline{\text{Summennorm}} \\[2ex]
(1.2\text{-}5) \qquad &2. \quad ||x||_2 := \sqrt{\sum_{\nu=1}^{n} |x_\nu|^2} &&\underline{\text{Euklidische Norm}} \\[2ex]
&3. \quad ||x||_\infty := \operatorname*{Max}_{\nu=1,\ldots,n} \{|x_\nu|\} &&\underline{\text{Maximumnorm}}
\end{aligned}
$$

Beiläufig sei bemerkt, daß diese Normen Spezialfälle der Norm

$$(1.2\text{-}6) \qquad ||x||_p := \sqrt[p]{\sum_{\nu=1}^{n} |x_\nu|^p}$$

für $p = 1,2$ und $p \longrightarrow \infty$ sind.

Zwischen den drei Normen (1.2-5) bestehen Ungleichungen; so gilt

$$(1.2\text{-}7) \qquad \begin{aligned} ||x||_\infty &\leq ||x||_1 \leq n\,||x||_\infty \\ ||x||_\infty &\leq ||x||_2 \leq \sqrt{n}\,||x||_\infty \end{aligned}$$

Die Norm $||x||_\infty$ ist daher die kleinste der drei Normen.

Aus der elementaren Vektorrechnung ist das <u>skalare Produkt</u> bekannt. Für $x,y \in \mathbb{C}^n$ kann man allgemeiner

$$(x,y) := \sum_{i=1}^{n} x_i \bar{y}_i$$

definieren. Es gilt offenbar $(x,x) = ||x||_2^2$ und $(x,y) = \overline{(y,x)}$.
Sind x,y reell, so ist demnach $(x,y) = (y,x)$.

BEISPIELE.-

1. $x := (2,-1,-4,3)^T$. Dann ist

$$||x||_1 = |2| + |1| + |4| + |3| = 10,$$
$$||x||_2 = \sqrt{4 + 1 + 16 + 9} \approx 5.48$$
$$||x||_\infty = 4$$

2. $x := (3-4i,-2,1+3i)^T$. Es gilt

$$||x||_1 = |3-4i| + |-2| + |1+3i| = \sqrt{9+16} + 2 + \sqrt{1+9}$$
$$= 5 + 2 + \sqrt{10} \approx 10.16$$
$$||x||_2 = \sqrt{|3-4i|^2 + |-2|^2 + |1+3i|^2} = \sqrt{25+4+10}$$
$$= \sqrt{39} \approx 6.25$$
$$||x||_\infty = |3+4i| = \sqrt{9+16} = 5$$

3. Das skalare Produkt der beiden Vektoren $x := (3-4i,-2,1+3i)^T$ und
   $y := (-1,1,1+i)^T$ ist

$$(x,y) := x_1\bar{y}_1 + x_2\bar{y}_2 + x_3\bar{y}_3 = (3-4i)(-1)+(-2)1+(1+3i)(1-i)$$
$$= -3 - 2 + 1 + 3 + 4i + 2i = -1 + 6i$$
$$(y,x) := y_1\bar{x}_1 + y_2\bar{x}_2 + y_3\bar{x}_3 = (-1)(3+4i)+1(-2)+(1+i)(1-3i)$$
$$= -3 - 2 + 1 + 3 - 4i - 2i = -1 - 6i = \overline{(x,y)} \quad \blacksquare$$

Es seien $x,y \in \mathbb{R}^n$, und diese beiden Punkte (Vektoren) seien dadurch verknüpft, daß $y = Ax$ mit der reellen $n \times n$-Matrix A gilt. Geometrisch bedeutet diese, daß y eine lineare Abbildung von x darstellt.

BEISPIEL .-

$$x = \begin{pmatrix} 1 \\ 0 \\ 1 \end{pmatrix} \quad , \quad A = \begin{pmatrix} 2 & -1 & 0 \\ -1 & 2 & -1 \\ 0 & -1 & 2 \end{pmatrix}$$

$$y = Ax = \begin{pmatrix} 2 & -1 & 0 \\ -1 & 2 & -1 \\ 0 & -1 & 2 \end{pmatrix} \begin{pmatrix} 1 \\ 0 \\ 1 \end{pmatrix} = \begin{pmatrix} 2 \\ -2 \\ 2 \end{pmatrix}$$

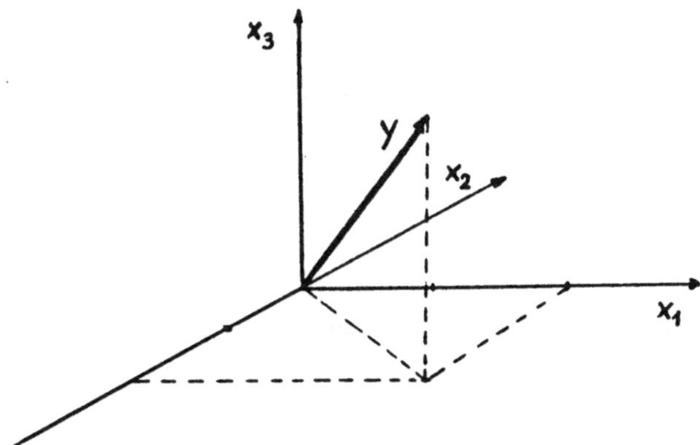

Die Abbildung besteht aus einer Drehung und Dehnung.

Sind x und A - und damit y - gegeben, so kann auch die Vektornorm
$\|y\|_v = \|Ax\|_v$ gebildet werden ($\|\cdot\|_v$ soll "Vektornorm" bedeuten, zur
Unterscheidung von der gleich zu definierenden Matrixnorm). Das ist natürlich
nur möglich, wenn vorher der Vektor Ax auch wirklich komponentenweise
explizit berechnet wurde.
In vielen Fällen möchte man jedoch, ohne diese Rechnung vorher ausgeführt
zu haben, mit Hilfe der Eigenschaften von A allein eine Abschätzung der
Gestalt $\|y\| \leq K\|x\|$ mit der reellen Konstanten K erhalten. Dies legt
den Gedanken nahe, eine reelle Zahl $K := \|A\|_M$, eine <u>Matrixnorm</u> zu de-
finieren, so daß $\|Ax\|_v \leq \|A\|_M \|x\|_v$ gilt. Genauer nennt man die Matrix-

norm dann eine zur Vektornorm $||x||_V$ <u>verträgliche</u> Matrixnorm.

Zur oben definierten Vektornorm $||x||_\infty$ ist so z.B. die Matrixnorm

$$(1.2\text{-}8) \qquad ||A||_\infty := \max_{k=1,\ldots,n} \sum_{\ell=1}^{n} |a_{k\ell}| \ ,$$

die <u>Norm der maximalen Zeilenbetragssumme</u> .verträglich. Wir werden darauf
in einem Beispiel weiter unten zurückkommen. Allgemein nennt man $||A||$
für eine reelle oder komplexe Matrix <u>Matrixnorm</u>, wenn sie folgenden
Axiomen genügt:

$$\text{1.} \quad ||A|| > 0 \ \text{für} \ A \neq 0 \ (0 \ \text{ist die Nullmatrix})$$

$$(1.2\text{-}9) \qquad \text{2.} \quad ||A+B|| \leqq ||A|| + ||B||, \ \text{für alle reellen oder}$$
$$\text{komplexen n x n-Matrizen A,B}$$
$$\text{3.} \quad ||aA|| = |a| \cdot ||A|| \ \text{für jede reelle oder komplexe}$$
$$\text{Zahl a.}$$

Außer (1.2-8) verwendet man auch die "Norm der maximalen Spaltenbetragssumme"

$$(1.2\text{-}10) \qquad ||A||_1 := \max_{\ell=1,\ldots,n} \left\{ \sum_{k=1}^{n} |a_{k\ell}| \right\}$$

Sie ist zur Vektornorm $||x||_1$ verträglich. Eine besonders wichtige Matrix-
norm ist die <u>Spektralnorm</u>. Sie wird durch die Eigenwerteigenschaften von
A^*A definiert:

Die <u>Eigenwerte</u> einer reellen oder komplexen n x n-Matrix A sind die
reellen oder komplexen Nullstellen des Polynoms

$$(1.2\text{-}11) \qquad P_n(\lambda) = \det(A-\lambda I)$$

Zählt man die Eigenwerte entsprechend ihrer Vielfachheit, so besitzt
demnach eine n x n-Matrix A genau n Eigenwerte $\lambda_1,\ldots,\lambda_n$, die natürlich
auch im Falle einer reellen Matrix A komplex sein können. Den betragsmäßig
größten Eigenwert von A bezeichnet man als ihren <u>Spektralradius $\rho(A)$</u>.

Im Falle einer beliebigen komplexen (als Speziallfall reellen) n x n-Matrix A definiert man nun ihre <u>Spektralnorm</u> durch

$$(1.2\text{-}12) \qquad ||A||_2 := \sqrt{\rho(A{*}A)} \ .$$

Ist A komplex und hermitesch, d.h. A=A*, oder A reell und symmetrisch,d.h. A $=A^T$, so lautet (1.2-12)

$$||A||_2 := \sqrt{\rho(A^2)} \ .$$

Nun gilt, wie man zeigen kann, $\rho(A^2) = [\rho(A)]^2$, so daß in diesen Fällen die Spektralnorm mit dem Spektralradius übereinstimmt, es gilt also

$$||A||_2 = \rho(A).$$

Die Spektralnorm ist mit der euklidischen Vektornorm verträglich.

BEISPIEL.- Wir betrachten wieder

$$x = \begin{bmatrix} 1 \\ 0 \\ 1 \end{bmatrix} , A = \begin{bmatrix} 2 & -1 & 0 \\ -1 & 2 & -1 \\ 0 & -1 & 2 \end{bmatrix} , \quad y = Ax = \begin{bmatrix} 2 \\ -2 \\ 2 \end{bmatrix}$$

Dann gilt

$$||x||_1 = 2, \quad ||x||_2 = \sqrt{2} \approx 1.414 , \quad ||x||_\infty = 1$$

$$||y||_1 = 6, \quad ||y||_2 = \sqrt{12} \approx 3.464, \quad ||y||_\infty = 2$$

Die Matrix A ist reell und symmetrisch und es gilt zunächst (wegen der Symmetrie ist die maximale Zeilenbetragssumme gleich der maximalen Spaltenbetragssumme)

$$||A||_1 = ||A||_\infty = 4 \ .$$

Die Eigenwerte von A berechnen sich wie folgt:

$$\det(A-\lambda I) \;=\; \begin{vmatrix} 2-\lambda & -1 & 0 \\ -1 & 2-\lambda & -1 \\ 0 & -1 & 2-\lambda \end{vmatrix} \;=\; (2-\lambda)\,[(2-\lambda)^2-2] = 0.$$

Daraus erhält man $\lambda_1 = 2$ und weiter aus $(2-\lambda)^2 = 2$

$$\lambda_2 = 2+\sqrt{2} \approx 3.414, \quad \lambda_3 = 2-\sqrt{2} \approx 0.586.$$

Der betragsmäßig größte Eigenwert von A ist daher

$$\rho(A) = 2 + \sqrt{2}.$$

Damit erhält man die Abschätzungen

$$\|y\|_1 \leq \|A\|_1 \,\|x\|_1 = 4\cdot 2 = 8, \quad \|y\|_\infty \leq \|A\|_\infty \,\|x\|_\infty = 4\cdot 1 = 4$$

$$\|y\|_2 \leq \|A\|_2 \,\|x\|_2 = (2+\sqrt{2})\sqrt{2} = (1+\sqrt{2})2 \approx 4.828. \quad \blacksquare$$

Wir betrachten eine reelle symmetrische Matrix $A := (a_{ij})$, $i,j = 1,\ldots,n$. Wegen der Symmetrie ist $a_{ij} = a_{ji}$. Mit einem reellen Vektor $x := (x_1,\ldots,x_n)^T$ bilden wir dann die Bilinearform

$$x^TAx = \sum_{i,j=1}^{n} a_{ij}x_ix_j.$$

Man nennt A dann <u>positiv (negativ) semidefinit</u>, wenn für jeden beliebigen reellen n-komponentigen Vektor x stets $x^TAx \geq 0$ $(x^TAx \leq 0)$ gilt. Die Matrix A heißt darüber hinaus <u>positiv (negativ) definit</u>, wenn $x^TAx > 0$ $(x^TAx < 0)$ für jeden reellen n-komponentigen Vektor $x \neq 0$ gilt. Ist A negativ oder positiv definit, so nennt man A schlechthin definit.

Ist A negativ definit, so ist $-A$ positiv definit. Man kann sich bei der Untersuchung definiter Matrizen also im Prinzip auf positiv definite Matrizen beschränken.

Es ist erstaunlich, wie häufig symmetrische und positiv definite Matrizen bei technischen Berechnungen auftreten. Als besonders durchsichtiges und einfaches Beispiel untersuchen wir dazu das Kräftegleichgewicht eines Federsystems:

Dazu betrachten wir 4 linear angeordnete Federn mit den Federkonstanten K_i, i=1,...,4, die unter Einwirkung der äußeren Kräfte f_i um die Strecken x_1, x_2, x_3 aus der Ruhelage ausgelenkt werden:

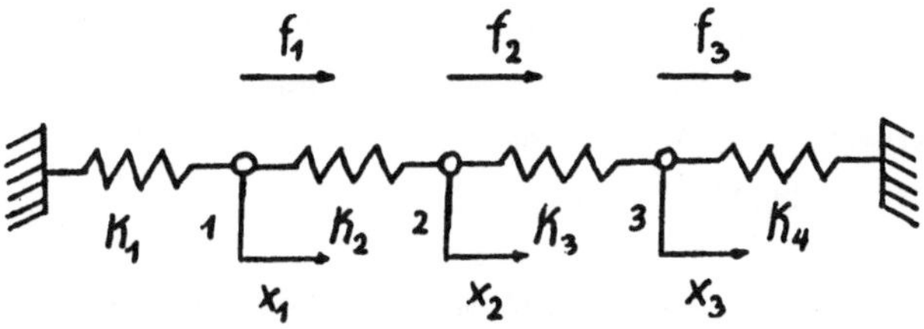

Das Kräftegleichgewicht wird dann durch das folgende lineare Gleichungssystem beschrieben:

$$\begin{pmatrix} K_1 + K_2 & -K_2 & 0 \\ -K_2 & K_2+K_3 & -K_3 \\ 0 & -K_3 & K_3+K_4 \end{pmatrix} \begin{pmatrix} x_1 \\ x_2 \\ x_3 \end{pmatrix} = \begin{pmatrix} f_1 \\ f_2 \\ f_3 \end{pmatrix}$$

Bezeichnet man dessen Matrix mit K, setzt ferner

$$x := (x_1,x_2,x_3)^T , \quad f := (f_1,f_2,f_3)^T,$$

so lautet es

$$Kx = f.$$

Die potentielle Energie des Federsystems ist

$$\tfrac{1}{2}[\, K_1 x_1^2 + K_2(x_2 - x_1)^2 + K_3(x_3-x_2)^2 + K_4 x_3^2\,]$$
$$- f_1 x_1 - f_2 x_2 - f_3 x_3 = \tfrac{1}{2}\, x^T K x - f^T x.$$

Dabei muß $x^T K x > 0$ gelten, d.h. K ist positiv definit.

Eine symmetrische Matrix hat bekanntlich nur reelle Eigenwerte. Man kann
nun zeigen, daß eine symmetrische Matrix genau dann positiv definit ist,
wenn ihre sämtlichen Eigenwerte positiv sind.
Symmetrische und positiv definite Matrizen werden uns künftig öfter begegnen.
Vorab sei vielleicht schon darauf hingewiesen, daß die bei der Anwendung
der Methode der finiten Elemente zu lösenden - im allgemeinen sehr großen -
linearen Gleichungssysteme in der Regel eine symmetrische und positiv definite
Matrix (Steifigkeitsmatrix) besitzen.

Schließlich sei noch darauf hingewiesen, daß man auch bei hermiteschen Matrizen von Definitheit spricht und entsprechende Aussagen machen kann, wo-
rauf hier jedoch nicht weiter eingegangen werden soll.

1.3 RANG EINER MATRIX

Der <u>Rang</u> einer Matrix hat entscheidende Bedeutung für die Frage der Existenz
und der Zahl der Lösungen eines linearen Gleichungssystems mit der Matrix A.
Um diesen wichtigen Begriff zu erklären, ist es zweckmäßig, etwas weiter
auszuholen und zunächst zu erläutern, was wir unter <u>linear unabhängigen</u>
bzw. <u>linear abhängigen Vektoren</u> verstehen wollen.

Zwei Vektoren a,b in der Ebene $\mathbb{R}^2$ spannen   diese Ebene auf, wenn sie nicht
in einer geraden Linie dieser Ebene liegen. Sie sind dann sozusagen "linear
unabhängig", jeder Vektor c in $\mathbb{R}^2$ kann durch $c = \alpha a + \beta b$ mit reellen
Zahlen α, β dargestellt werden. Andernfalls nennt man a,b linear abhängig.

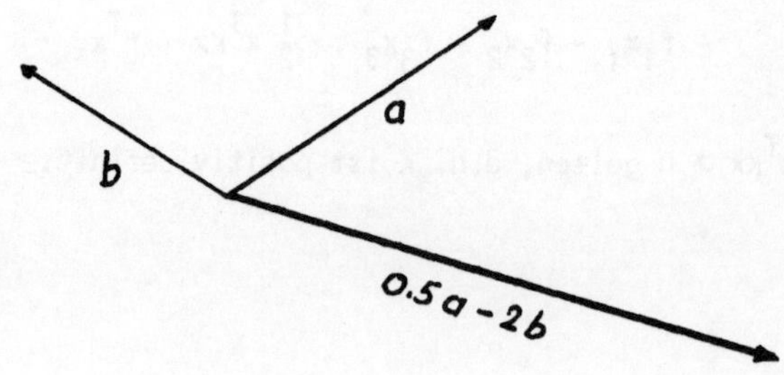

Den Begriff der linearen Unabhängigkeit bzw. Abhängigkeit von Vektoren
kann man offensichtlich verallgemeinern. Im $\mathbb{R}^3$ sind 3 Vektoren a,b,c
linear unabhängig, wenn sie nicht in einer Ebene liegen, usf.

Wir wollen untersuchen, was lineare Unabhängigkeit bzw. Abhängigkeit mathematisch bedeutet. Dazu betrachten wir noch einmal die Ebene $\mathbb{R}^2$ und
in ihr die zwei Vektoren a,b. Liegen diese in einer Geraden, so haben sie
die gleiche Richtung, unterscheiden sich also höchstens in Länge und
Orientierung. Dann gilt offenbar

$$a = \beta b,$$

wobei β eine bestimmte reelle Zahl ist. Dabei haben wir angenommen, daß
weder a noch b Nullvektor ist, es genügt aber auch die Annahme, daß b
kein Nullvektor ist und auch $\beta = 0$ zugelassen wird. Aus $a = \beta b$ folgt noch

$$1 \cdot a - \beta\, b = 0.$$

Offenbar liegen a und b genau dann in einer Geraden, wenn es zwei Zahlen
$\alpha, \beta \neq 0,0$ so gibt, daß

$$(1.3\text{-}1) \qquad \alpha\, a + \beta\, b = 0.$$

Denn sei etwa $\alpha \neq 0$, so ist in der Tat $a = -\frac{\beta}{\alpha}\, b$, d.h. a und b haben die
gleiche Richtung und liegen somit in einer Geraden.
Folgt dadegen aus (1.3-1) notwendig $\alpha = \beta = 0$, so liegen a und b nicht
in einer Geraden, d.h., sie spannen den $\mathbb{R}^n$ zu geben:

Es seien $a_1,\dots,a_n$ Vektoren des $\mathbb{R}^n$, in Zeichen:
$a_1,\dots,a_n \in \mathbb{R}^n$. Sie heißen dort <u>linear unabhängig</u>, wenn aus einer Darstellung

$$(1.3\text{-}2) \qquad \alpha_1 a_1 + \alpha_2 a_2 + \dots + \alpha_n a_n = 0$$

<u>notwendig</u> folgt, daß die Zahlen $\alpha_1,\dots,\alpha_n$ sämtlich 0 sind:
$$\alpha_1 = \dots = \alpha_n = 0$$
Gibt es dagegen Zahlen
$$\alpha_1,\dots,\alpha_n \neq 0,\dots,0,$$
so daß (1.3-2) gilt, dann heißen $a_1,\dots,a_n$ im $\mathbb{R}^n$ <u>linear abhängig</u>.

Sind die $a_1,\ldots,a_n$ linear abhängig, so ist mindestens eine der Zahlen $\alpha_1,\ldots,\alpha_n$ von Null verschieden, etwa α_n. Dann gilt

$$a_n = -\frac{\alpha_1}{\alpha_n}\, a_1 - \ldots - \frac{\alpha_{n-1}}{\alpha_n}\, a_{n-1} \quad ,$$

d.h. a_n ist durch die Vektoren $a_1,\ldots,a_{n-1}$ darstellbar. Man sieht auch sofort ein, daß Vektoren $a_1,\ldots,a_n$ im $\mathbb{R}^n$, von denen einer der Nullvektor ist, stets linear abhängig sind.

Wir verallgemeinern unsere bisherigen Beobachtungen noch einmal. Es seien jetzt $a_1,\ldots,a_m$ Vektoren des $\mathbb{R}^n$, wobei zunächst $m \geq n$ sein kann. Den Fall $m = n$ haben wir bereits untersucht, wir wollen ihn hier aber noch einmal unter einem anderen Gesichtspunkt aufgreifen.

Zunächst setzen wir $m > n$ voraus, d.h. die Zahl der Vektoren ist größer als die Dimension des $\mathbb{R}^n$. Die Vektoren $a_1,\ldots,a_m$ sind dann offensichtlich linear abhängig, denn der $\mathbb{R}^n$ wird ja durch $n < m$ linear unabhängige Vektoren schon aufgespannt. Nun können aber unter ihnen $p \leq n$ linear unabhängig sein, etwa die p ersten Vektoren $a_1,\ldots,a_p$. Dann lassen sich die anderen in der Form

$$(1.3\text{-}3) \qquad a_1 = \alpha_1^i a_1 + \ldots + \alpha_p^i a_p, \quad i = p+1,\ldots,m$$

darstellen, wobei die $\alpha_1^i,\ldots,\alpha_p^i$ bestimmte reelle Zahlen sind. Die Vektoren $a_1,\ldots,a_p$ spannen dann einen p-dimensionalen Teilraum des $\mathbb{R}^n$ auf.

BEISPIEL.- Die vier Vektoren

$$a_1 = \begin{pmatrix} 1 \\ 0 \\ 0 \end{pmatrix} \;,\quad a_2 = \begin{pmatrix} 0 \\ 1 \\ 1 \end{pmatrix} \;,\quad a_3 = \begin{pmatrix} -4 \\ 2 \\ 2 \end{pmatrix} \;,\quad a_4 = \begin{pmatrix} 1 \\ -4 \\ -4 \end{pmatrix}$$

sind im $\mathbb{R}^3$ wegen $m = 4$, $n = 3$, linear abhängig. Wegen

$$
\begin{aligned}
- 4a_1 + 2a_2 - a_3 &= 0 \\
a_1 - 4a_2 - a_4 &= 0 \\
7a_1 + 2a_3 + a_4 &= 0 \\
14a_2 + a_3 + 4a_4 &= 0
\end{aligned}
$$

sind auch je drei Vektoren unter den vier linear abhängig. Wir untersuchen daher, ob auch je zwei Vektoren linear abhängig sind. Das ist jedoch nicht der Fall, denn aus (x und y sind hier Zahlen!)

$$
xa_1 + ya_2 = \begin{pmatrix} x \\ y \\ y \end{pmatrix} = 0 = \begin{pmatrix} 0 \\ 0 \\ 0 \end{pmatrix}
$$

folgt notwendig $x = y = 0$. Daher sind a_1, a_2 linear unabhängig, sie spannen den Unterraum des IR^3 auf, der aus allen Punkten $(x,y,y)^T$ besteht. Offenbar ist dies die skizzierte Ebene E.

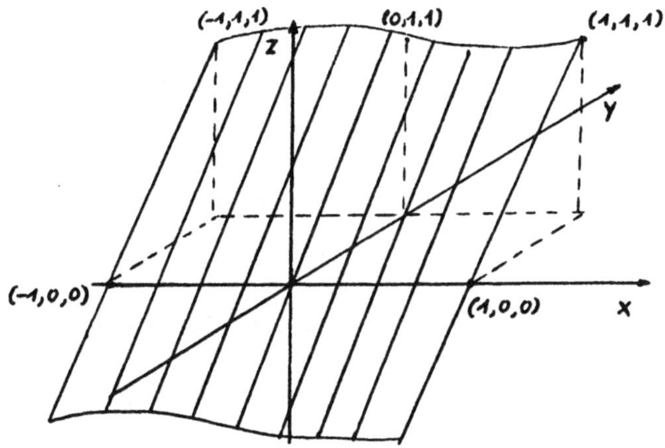

Im Fall $m = n$ können die $a_1, \ldots, a_n$ linear unabhängig oder linear abhängig sein. Sind sie linear unabhängig, so spannen sie den IR^n auf, im Falle ihrer linearen Abhängigkeit sind $p < n$ unter ihnen linear unabhängig, $p \geq 0$, und spannen einen Teilraum der Dimension p auf. Dabei bedeutet $p = 0$, daß alle $a_1, \ldots, a_n$ gleich dem Nullvektor sind.

Ähnlich einfach liegt der Fall $m < n$. Die $a_1,\ldots,a_m$ können linear unabhängig oder abhängig sein. Im ersten Fall spannen sie einen m-dimensionalen Teilraum des IR^n auf, im zweiten Fall gibt es wieder $p < m < n$ linear unabhängige Vektoren, die, wie soeben geschildert, wieder einen p-dimensionalen Teilraum aufspannen.

Wir wenden uns jetzt wieder $m \times n$-Matrizen zu und wollen den Rang einer solchen Matrix erklären. Ist A eine $m \times n$-Matrix, so kann man sie in der Gestalt

$$(1.3-4) \qquad A = (a_1^S, a_2^S, \ldots, a_n^S)$$

schreiben, wobei die $a_1^S,\ldots,a_n^S$ die $\underline{\text{Spaltenvektoren}}$ sind.
Es gilt also

$$(1.3-5) \qquad a_j^S := \begin{pmatrix} a_{1j} \\ a_{2j} \\ \vdots \\ a_{mj} \end{pmatrix} \qquad , \quad j = 1,\ldots,n$$

DEFINITION 1.3.1.-   Die Zahl der linear unabhängigen Spaltenvektoren von A heißt Rang von A, in Zeichen: Rg A.   ∎

Ist demnach $n > m$, so sind die Vektoren $a_1^S,\ldots,a_n^S$ als m-komponentige Vektoren stets linear abhängig, d.h. Rg $A < n$. Da m-komponentige Vektoren höchstens den IR^n aufspannen, gilt sogar Rg $A \leqq m < n$. Man kann auf der anderen Seite A auch durch ihre Zeilenvektoren darstellen:

$$(1.3-6) \qquad A = \begin{pmatrix} a_1^Z \\ a_2^Z \\ \vdots \\ a_m^Z \end{pmatrix} , \quad a_i^Z = (a_{i1}, a_{i2}, \ldots, a_{in}) , \quad i=1,\ldots,m.$$

Allgemein kann man dann zeigen, daß die Zahl der linear unabhängigen Spaltenvektoren genau gleich der Zahl der linear unabhängigen Zeilenvektoren ist. Daher kann man schließen Rg A $\leq$ Min(m,n).

Damit haben wir nun definiert, was unter dem Rang einer m$\times$ n-Matrix zu verstehen ist, kennen jedoch noch keinen praktischen Algorithmus, diesen Rang auch wirklich zu berechnen. Aus der Rangdefinition ergibt sich ein solcher Algorithmus noch nicht. Wir werden aber später bei der Lösung linearer Gleichungssysteme auch ein Verfahren kennenlernen, das uns sozusagen als Zugabe auch den Rang der Matrix des jeweiligen Gleichungssystems liefert.

1.4 MATHEMATISCHE GRUNDLAGEN LINEARER GLEICHUNGSSYSTEME

Bevor wir uns mit der praktischen numerischen Lösung von linearen Gleichungssystemen befassen, sollen hier einige Grundtatsachen über solche Systeme wiedergegeben werden. Ohne Kenntnis dieser Grundtatsachen ist die sinnvolle Anwendung von numerischen Verfahren nicht gewährleistet.

Wir setzen voraus, daß der Leser Determinanten kennt und mit Determinanten bereits gerechnet hat. Wir wiederholen an dieser Stelle nur einige wichtige Eigenschaften von Determinanten.

Man kann jeder reellen bzw. komplexen n $\times$ n-Matrix A eine reelle bzw. komplexe Zahl, ihre Determinante det A, zuordnen. Wir wollen uns im folgenden jedoch auf die Betrachtung von reellen quadratischen Matrizen und Determinanten beschränken.

Eine n $\times$ n-Matrix hat genau dann den Rg A = n, wenn det A $\neq$ 0. Dies bedeutet Rg A < n genau für det A = 0. Mit Hilfe der Feststellung, ob det A $\neq$ 0 oder det A = 0 gilt, kann man daher Informationen über Rg A erhalten. Dazu wird es aber im allgemeinen notwendig sein, det A zu berechnen.

Nun ist aber die Berechnung von Determinanten bekanntlich recht aufwendig,
wenn n eine größere Zahl ist. Zur Berechnung kann man z.B. den Entwicklungssatz benutzen. Dieser beschreibt, wie man die Berechnung einer Determinante
mit n Zeilen und Spalten auf die Berechnung von Determinanten von n-1
Zeilen und Spalten zurückführen kann. Damit ist induktiv eine Rechenvorschrift gegeben, denn man kann den Entwicklungssatz nacheinander für
n,n-1,...,2 anwenden.

Dazu bezeichnen wir diejenige $(n-1) \times (n-1)$-Matrix, die aus der Matrix

$$(1.4-1) \qquad A = \begin{pmatrix} a_{11} & a_{12} \cdots a_{1n} \\ a_{21} & a_{22} \cdots a_{2n} \\ \vdots & \\ a_{n1} & a_{n2} \quad a_{nn} \end{pmatrix}$$

durch Streichen der i-ten Zeile und j-ten Spalte hervorgeht, mit A_{ij}.
Dann gilt der Entwicklungssatz

$$\det A = \sum_{i=1}^{n} (-1)^{i+j} \, a_{ij} \det A_{ij}$$

$(1.4-2)$

$$\det A = \sum_{j=1}^{n} (-1)^{i+j} \, a_{ij} \det A_{ij}$$

Im ersten Fall entwickeln wir nach der j-ten Spalte von A, im zweiten
nach der i-ten Zeile von A.

Man wird im allgemeinen nach der Zeile oder Spalte entwickeln, welche
die meisten Nullen enthält, weil dadurch der Rechenaufwand unter Umständen reduziert werden kann. Ist etwa bei der Entwicklung nach der
j-ten Spalte $a_{kj} = 0$, $1 \leq k \leq n$, so erspart man sich die Berechnung
der $(n-1) \times (n-1)$ Determinante $\det A_{kj}$. Man kann deshalb versuchen,
durch elementare Umformungen in A zu erreichen, daß möglichst viele
Elemente einer bestimmten Zeile oder Spalte zu Null werden.

BEISPIEL.- Es soll die Determinante der Matrix

$$A = \begin{bmatrix} 1 & 3 & -4 \\ -2 & 1 & 8 \\ 0 & -1 & -1 \end{bmatrix}$$

berechnet werden. Die Entwicklung nach der ersten Spalte liefert

$$\det A = a_{11}\det A_{11} - a_{12}\det A_{21} = 1 \cdot \begin{vmatrix} 1 & 8 \\ -1 & -1 \end{vmatrix} + 2 \cdot \begin{vmatrix} 3 & -4 \\ -1 & -1 \end{vmatrix} = 1 \cdot 7 - 2 \cdot 7 = -7$$

$$\det A = -a_{32}\det A_{32} + a_{33}\det A_{33} = 1 \cdot \begin{vmatrix} 1 & -4 \\ -2 & 8 \end{vmatrix} - 1 \cdot \begin{vmatrix} 1 & 3 \\ -2 & 1 \end{vmatrix} = 1 \cdot 0 - 1 \cdot 7 = -7 \quad \blacksquare$$

Für die Berechnung von Determinanten gelten noch folgende Regeln; dabei ist A eine $n \times n$-Matrix:

1. $\det A = \det A^T$.

2. Vertauscht man in A zwei Zeilen oder zwei Spalten, so ändert det A ihr Vorzeichen.

3. Addiert man zu einer Zeile bzw. Spalte von A eine Linearkombination der übrigen Zeilen bzw. Spalten, so ändert sich der Zahlenwert der Determinante nicht.

4. Multipliziert man die Elemente einer Zeile bzw. einer Spalte mit einer Zahl c, so wird det A mit c multipliziert.

5. Sind die Zeilen bzw. Spalten von A linear abhängig, so gilt $\det A = 0$.

6. $\det(cA) = c^n\det A$.

7. Ist $\det A \neq 0$, so gilt $\det A^{-1} = (\det A)^{-1}$.

8. Ist B eine weitere $n \times n$-Matrix, so gilt $\det(AB) = (\det A)(\det B)$.

9. Für die Einheitsmatrix I ist $\det I = 1$.

BEMERKUNGEN .-

Zu 3. Das ist insbesondere der Fall, wenn man zu einer Zeile bzw. Spalte
eine mit einer Zahl c multiplizierte andere Zeile bzw. Spalte addiert.

Zu 5. Die Zeilen bzw. Spalten sind insbesondere dann linear abhängig,
wenn zwei Zeilen bzw. Spalten übereinstimmen.

Zu 6. Es ist

$$cA = \begin{pmatrix} ca_{11} \cdots ca_{1n} \\ ca_{21} \cdots ca_{2n} \\ \vdots \\ ca_{n1} \cdots ca_{nn} \end{pmatrix}$$

und somit nach 4. $\det(cA) = c^n \det A$. ∎

Eine Anwendung mehr direkter Art finden dreireihige Determinanten bei der
Berechnung des "Spatprodukts". Drei Vektoren $u,v,w \in \mathbb{R}^3$ können als drei
Kanten eines Parallelepipeds oder "Spats" aufgefaßt werden, welches
dann auch eindeutig bestimmt ist.

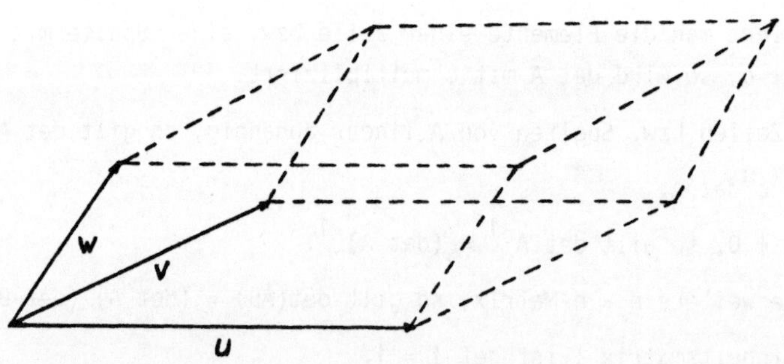

Sei nun

$$u := (u_1, u_2, u_3)^T.$$
$$v := (v_1, v_2, v_3)^T,$$
$$w := (w_1, w_2, w_3)^T,$$

so wird das Volumen des Spats durch

$$V = |\det(u,v,w)| = \left| \det \begin{bmatrix} u_1 & v_1 & w_1 \\ u_2 & v_2 & w_2 \\ u_3 & v_3 & w_3 \end{bmatrix} \right|$$

gegeben. Sind u,v,w linear unabhängig, liegen sie also nicht in einer Ebene, so ist $V \neq 0$. Liegen u,v,w aber in einer Ebene, so ist der Spat entartet, es gilt $V = 0$.

Ein lineares Gleichungssystem mit m Gleichungen in n Unbekannten hat die Form

$$a_{11}x_1 + a_{12}x_2 + \cdots + a_{1n}x_n = a_1$$

$$(1.4\text{-}3) \qquad a_{21}x_1 + a_{22}x_2 + \cdots + a_{2n}x_n = a_2$$

$$\vdots$$

$$a_{m1}x_1 + a_{m2}x_2 + \cdots + a_{mn}x_n = a_m$$

Dabei können die a_{ik}, a_i reelle oder komplexe Zahlen sein. Gesucht sind reelle oder komplexe Zahlen $x_1, \ldots, x_n$, die diesem Gleichungssystem genügen.

Das System (1.4-3) kann wesentlich kürzer geschrieben werden, wenn wir folgende Matrizen und Vektoren einführen:

$$(1.4\text{-}4) \quad A := \begin{bmatrix} a_{11} & a_{12} \cdots a_{1n} \\ a_{21} & a_{22} \cdots a_{2n} \\ \vdots & \\ a_{m1} & a_{m2} \cdots a_{mn} \end{bmatrix}, \quad a := \begin{bmatrix} a_1 \\ a_2 \\ \vdots \\ a_m \end{bmatrix}, \quad x := \begin{bmatrix} x_1 \\ x_2 \\ \vdots \\ x_n \end{bmatrix}$$

dann lautet das System

(1.4-5) $Ax = a$.

Wir wollen künftig x stets als den Vektor der Unbekannten auffassen, das System (1.4-5) als ein zu lösendes Problem in diesen Unbekannten. Das System muß keine Lösung haben, wie wir noch sehen werden. Wenn es aber eine Lösung besitzt, so wollen wir diese mit

(1.4-6) $x^* := (x_1^*,\dots,x_n^*)^T$

bezeichnen. Ist $a = 0 := (0,\dots,0)^T$, so heißt das System (1.4-5) "homogen".

Wann hat ein solches Gleichungssystem Lösungen? Man kann nachweisen, daß dies genau dann der Fall ist, wenn eine bestimmte Rangbedingung erfüllt ist. Dazu betrachten wir die zu A gehörige "erweiterte Matrix"

$$(A,a)$$

des Gleichungssystems (1.4-5). Das System hat genau dann Lösungen, wenn

(1.4-7) $Rg\ A = Rg(A,a)$

gilt.

Ist A etwa eine quadratische Matrix und $Rg\ A = n$, so gilt auch notwendig $Rg(A,a) = n$, das System hat immer Lösungen. Wir wissen, daß es wegen $\det A \neq 0$ sogar genau eine Lösung besitzt.

BEISPIEL.- Das Gleichungssystem

$$3x_1 - x_2 + x_3 = 1$$
$$-x_1 + 4x_2 - x_3 = -1$$
$$x_1 + 7x_2 - x_3 = 2$$

besitzt keine Lösungen. Die Zeilen von

$$A = \begin{bmatrix} 3 & -1 & 1 \\ -1 & 4 & -1 \\ 1 & 7 & -1 \end{bmatrix}$$

sind linear abhängig, denn die 3. Zeile erhält man, wenn man die erste mit 1, die zweite mit 2 multipliziert und dann addiert. Die beiden ersten Zeilen sind linear unabhängig, also ist Rg A = 2. Dagegen gilt Rg(A,a) = 3, denn in

$$(A,a) = \begin{bmatrix} 3 & -1 & 1 & 1 \\ -1 & 4 & -1 & -1 \\ 1 & 4 & -1 & 2 \end{bmatrix}$$

ist eine 3 × 3-Unterdeterminante von Null verschieden, nämlich

$$\begin{vmatrix} -1 & 1 & 1 \\ 4 & -1 & -1 \\ 7 & -1 & 2 \end{vmatrix} = -9.$$

Daher gilt Rg(A,a) = 3, das System hat in der Tat keine Lösung. Das sieht man auch unmittelbar ein, wenn man versucht, das System zu lösen: multipliziert man die 2. Gleichung mit 3 und addiert sie zur 1. Gleichung, addiert man ferner die 3. Gleichung zur 2. Gleichung, so erhält man das System

$$11x_2 - 2x_3 = -2$$
$$11x_2 - 2x_3 = 1$$

also zwei Gleichungen, die sich widersprechen.

Um zu untersuchen, welche und wieviele Lösungen ein gegebenes Gleichungssystem Ax = a besitzt, betrachten wir zunächst das homogene Gleichungssystem

$$(1.4-7a) \qquad Ax = 0$$

oder ausführlich

$$a_{11}x_1 + a_{12}x_2 + \ldots + a_{1n}x_n = 0$$
$$a_{21}x_1 + a_{22}x_2 + \ldots + a_{2n}x_n = 0$$
(1.4-7b)
$$\vdots \qquad \vdots \qquad \vdots \qquad \vdots$$
$$a_{m1}x_1 + a_{m2}x_2 + \ldots + a_{mn}x_n = 0$$

Das System besitzt stets die <u>triviale Lösung</u> $x_1 = x_2 = \ldots = x_n = 0$, d.h.
$x = 0$, die natürlich uninteressant ist. Wir fragen deshalb nach nicht-
trivialen Lösungen, bei denen wenigstens eine Komponente x_i von Null
verschieden ist. Hierüber gilt:

<u>Das homogene System (1.4-7) besitzt genau dann nichttriviale Lösungen,
wenn die Spalten der Matrix A linear abhängig sind, d.h. Rg A = r < n
gilt.</u> Man kann dies leicht einsehen. Schreiben wir uns die Matrix A
in der Gestalt (1.3-4)

$$A = (a_1^S, a_2^S, \ldots, a_n^S),$$

und sind die Spalten a_i^S linear abhängig, so gibt es Zahlen
$x_1^*, \ldots, x_n^* \neq 0, \ldots, 0$, so daß

(1.4-8) $$x_1^* a_1^S + x_2^* a_2^S + \ldots + x_n^* a_n^S = 0$$

oder ausführlich

$$a_{11}x_1^* + \ldots + a_{1n}x_n^* = 0$$
$$\vdots \qquad \vdots \qquad \vdots$$
$$a_{m1}x_1^* + \ldots + a_{mn}x_n^* = 0$$

Daher ist $x^* := (x_1^*, \ldots, x_n^*)^T$ eine nichttriviale Lösung des Systems. Ist
andererseits x^* eine Lösung, so gilt (1.4-8), d.h. die Spalten von A
sind linear abhängig.

Man bezeichnet die Zahl $d := n-r$ als den __Defekt__ der Matrix A. Es gilt $d \geq 0$ und $d > 0$, wenn die Spalten von A linear abhängig sind.

Über die Zahl der Lösungen von (1.4-7) gilt nun:

Das Gleichungssystem (1.4-7) hat genau $d = n-r$ linear unabhängige Lösungen $x*^{(1)},\ldots,x*^{(d)}$, jede Lösung des Systems läßt sich in der Gestalt

$$(1.4-9) \qquad x* = c_1 x*^{(1)} + \ldots + c_d x*^{(d)}$$

mit Zahlen $c_1,\ldots,c_d$ schreiben.

Ein System von linear unabhängigen Lösungsvektoren $x*^{(1)},\ldots,x*^{(d)}$ bezeichnet man als __Fundamentalsystem__ von (1.4-7), die Form (1.4-9) als 'allgemeine Lösung" von (1.4-7).

Um das inhomogene System

$$(1.4-10) \qquad Ax = a$$

zu lösen, nehmen wir $Rg\,A = Rg(A,a) = r \leq n$ an. ferner, daß ein Fundamentalsystem von $Ax = 0$ bekannt ist. Dann gilt:

Es sei $x*^{(0)}$ irgendeine Lösung von (1.4-10) und $x*^{(1)},\ldots,x*^{(d)}$ ein Fundamentalsystem von $Ax = 0$. Dann hat jede Lösung von (1.4-10) die Gestalt

$$(1.4-11) \qquad x* = x*^{(0)} + c x*_1^{(1)} + \ldots + c_d x*^{(d)},$$

wobei $c_1,\ldots,c_d$ Zahlen sind.

Es kommt also auch bei der Lösung des inhomogenen Systems (1.4-10) wesentlich darauf an, ein Fundamentalsystem des zugehörigen homogenen Systems zu kennen. Man nennt (1.4-11) auch __allgemeine Lösung__ des Systems (1.4-10).

Damit ist die Frage, wieviele Lösungen ein vorgelegtes lineares Gleichungssystem besitzt, im wesentlichen beantwortet. Mit der zentralen Frage,
wie man diese Lösungen praktisch berechnet, werden wir uns weiter unten befassen.

Auch lineare Gleichungssysteme werden in der Regel nicht "exakt" gelöst.
Bereits die Ausgangsdaten für das Gleichungssystem sind oft verfälscht, so
daß die Matrix und die rechte Seite ungenau sind. Wenn wir aber das Gleichungssystem in der vorliegenden Form akzeptieren, so sind zumindest Rundungsfehler unvermeidbar. Bei schlecht konditionierten (s.u.) Gleichungssystemen können solche Fehler durch Akkumulation die Genauigkeit der Rechnung
wesentlich beeinträchtigen oder sie sogar unbrauchbar machen.

Ist $\tilde{x}^*$ die irgendwie berechnete genäherte Lösung eines vorgelegten linearen Gleichungssystems $Ax = a$, so wird man diese Näherung zur Kontrolle
einsetzen und erhält etwa

$$(1.4\text{-}12) \qquad A\tilde{x}^* = a + \delta a$$

mit dem <u>Defektvektor</u> δa. Fällt dessen Norm hinreichend klein aus, so
wird man schließen, daß $\tilde{x}^*$ auch eine hinreichend genaue Näherung für die
exakte Lösung x^* des Systems ist. Dies kann aber ein Trugschluß sein,
wie folgende Überlegungen zeigen :

Aus (1.4-12) folgt zunächst für det $A \neq 0$ und wegen $Ax^* = a$

$$\tilde{x}^* - x^* = A^{-1}\delta a$$

und weiter mit den in 1.2 definierten Normen

$$(1.4\text{-}13) \qquad \| \tilde{x}^* - x^* \| \leq \| A^{-1} \| \; \| \delta a \| .$$

Wegen $\| a \| = \| Ax^* \| \leq \| \; \| A \| \; x^* \|$ ist weiter

$$\frac{1}{||x^*||} \leqq \frac{||A||}{||a||}$$

Aus (1.4-13) folgt daher die Abschätzung

$$(1.4\text{-}14) \qquad \frac{||\tilde{x}^* - x||}{||x^*||} \leqq ||A|| \; ||A^{-1}|| \; \frac{||\delta a||}{||a||} \quad , a \neq 0 \; .$$

Auf der linken Seite steht der relative Fehler von $\tilde{x}^* - x^*$. Er wird also nicht nur durch den relativen Fehler $||\delta a||/||a||$ von a sondern wesentlich durch die "Konditionszahl"

$$(1.4\text{-}15) \quad k(A) := ||A|| \; ||A^{-1}||$$

bestimmt. Die Konditionszahl hängt ab von der gewählten Matrixnorm, es gilt stets

$$1 = k(I) = k(AA^{-1}) = ||AA^{-1}|| \; ||A^{-1}A||$$
$$\leqq ||A||^2 ||A^{-1}||^2 = k(A)^2$$

also $k(A) \geqq 1$.

Die Konditionszahl $k(A)$ ist ein Maß dafür, wie der relative Fehler sich mit $||\delta a||/||a||$ ändert. Ist $k(A)$ klein, d.h. nur wenig größer als 1, so nennt man A <u>gut konditioniert.</u> im anderen Fall <u>schlecht konditioniert.</u>

Nach (1.4-14) kann der relative Fehler von $\tilde{x}^* - x^*$ bei extrem schlecht konditionierten Matrizen groß sein, obwohl $||\delta a||$ klein ist. Die Prüfung von $||\delta a||$ allein kann also in der Tat zu dem oben genannten Trugschluß führen. Allerdings wird durch (1.4-14) der relative Fehler oft um ein Vielfaches überschätzt.

Es gibt zahlreiche Vorschläge in der Literatur, wie man Rundungsfehler abschätzen bzw. unter Kontrolle halten kann. Die meisten beziehen sich auf den Gauss-Algorithmus als Lösungsverfahren. Während die älteren Arbeiten nur sehr grobe Abschätzungen für die Rundungsfehler liefern, gibt es neuere Untersuchungen, die sehr scharfe Schranken liefern.

BEISPIEL.-

Eine schlecht konditionierte Matrix ist die n × n-Tridiagonalmatrix

$$A = \begin{bmatrix} 2 & -1 & & & O \\ -1 & 2 & -1 & & \\ & -1 & 2 & -1 & \\ O & & -1 & 2 \end{bmatrix}$$

für großes n. Sie ist im übrigen symmetrisch und positiv definit. Verwenden wir die durch (1.2-12) definierte Spektralnorm für symmetrische Matrizen, so ergibt sich wegen der Tatsache, daß alle Eigenwerte λ_i einer symmetrischen und positiv definiten Matrix positiv sind

$$\|A_2\| = \varrho(A) = \underset{i=1,\ldots,n}{\text{Max}} \ \{\lambda\}_i$$

$$A^{-1} = (A^{-1}) = \left[\underset{i=1,\ldots,n}{\text{Min}} \ \{\lambda_j\} \right]^{-1}$$

Nun errechnet man als Eigenwerte von A

$$\lambda_k = 2(1-\cos \frac{k\pi}{n+1}) \ , \ k = 1,\ldots,n$$

und hieraus

$$\underset{i=1,\ldots,n}{\text{Max}} \ \{\lambda_i\} = 2(1-\cos \frac{n\cdot\pi}{n+1}) = 2(1+\cos \frac{\pi}{n+1}) < 4,$$

$$\underset{j=1,\ldots,n}{\text{Min}} \ \{\lambda_j\} = 2(1-\cos \frac{\pi}{n+1}) \ .$$

Daher erhalten wir

$$k(A) = \frac{1+\cos \frac{\pi}{n+1}}{1-\cos \frac{\pi}{n+1}}$$

und zahlenmäßig die genäherten Konditionszahlen

n	k(A)
10	$\approx 5 \cdot 10^1$
100	$\approx 4 \cdot 10^3$
1000	$\approx 4 \cdot 10^5$
10000	$\approx 4 \cdot 10^7$

Ist demnach bei n = 10 000 etwa $||\delta a||/||a|| = 10^{-5}$, also extrem klein,
so kann nach Abschätzung (1.4-14) der relative Fehler der Näherungslösung noch in der Größenordnung 10^2 liegen, was natürlich bedeuten würde,
daß die Rechnung unbrauchbar ist.

Gleichungssysteme mit extrem schlecht konditionierter Matrix treten vor
allem bei der numerischen Lösung von Randwertproblemen mit Hilfe der Methoden der finiten Elemente oder Differenzen auf. Um die entstehenden
sehr großen schwach besetzten Gleichungssysteme zu lösen, hat man spezielle
Verfahren entwickelt.

1.5 DIREKTE LÖSUNG LINEARER GLEICHUNGSSYSTEME, GESTAFFELTE SYSTEME

Die numerischen Verfahren zur Lsöung linearer Gleichungssysteme lassen
sich, etwas grob vielleicht, in direkte und iterative Verfahren unter-
teilen. Die direkten Verfahren, mit denen wir uns zunächst befassen wollen,
liefern die exakte Lösung in endlich vielen Rechenschritten, wenn man un-
realistischerweise von Rundungsfehlern absieht. Rundungsfehler wirken sich
bei direkten Verfahren aber immer aus, in der Regel um so stärker, je
schlechter die Konditioniertheit der Matrix des Systems ist. Wie oben
bereits erläutert, kann dies zu einer erheblichen Verfälschung der berechneten Näherungslösung führen, was sich in einigen Fällen durch "Nachverbesserung" mit Hilfe spezieller Iterationsverfahren beheben oder mil-
dern läßt.

Wichtige direkte Verfahren sind nach wie vor die von Gauß und Cholesky,
sie werden wegen ihrer universellen Verwendbarkeit viel benutzt, wobei
der Cholesky-Algorithmus für Gleichungssysteme mit symmetrischer und
positiv definiter Matrix entwickelt wurde. Solche Gleichungssysteme

treten in der Praxis jedoch überraschend häufig auf.

Es sei das lineare Gleichungssystem

$$(1.5-1) \qquad Ax = a$$

zur Lösung vorgelegt, wobei wir zunächst det $A \neq 0$ voraussetzen. Es gilt daher auch für die eindeutige Lösung $x^* = A^{-1}a$. Allerdings wird man diese Tatsache nicht zur praktischen Berechnung verwenden, denn die Berechnung von A^{-1} und Multiplikation mit a ist immer mit einem höheren Aufwand verbunden.

Es ist naheliegend, das System (1.5-1) auf ein System zurückzuführen, das sehr leicht zu lösen ist. Dabei könnte man etwa so vorgehen: man bestimmt eine nichtsinguläre Matrix G, so daß $A = G^{-1}B$, $a = G^{-1}b$, wobei B eine obere Dreiecksmatrix ist. Man kann zeigen, daß es immer eine solche Matrix gibt. Dann lautet (1.5-1) $G^{-1}Bx = G^{-1}b$, oder nach Multiplikation von links mit G,

$$(1.5-2a) \qquad Bx = b.$$

Ausführlich lautet das System

$$
\begin{array}{rcl}
b_{11}x_1 + b_{12}x_2 + \cdots\cdots + b_{1n}x_n &=& b_1 \\
b_{22}x_2 + \cdots\cdots + b_{2n}x_n &=& b_2 \\
\vdots \qquad\qquad \vdots & & \\
b_{n-1n-1}x_{n-1} + b_{n-1n}x_n &=& b_{n-1} \\
b_{nn}x_n &=& b_n
\end{array}
$$

Dieses System ist aber einfach lösbar, man erhält zunächst

$$x_n^* = \frac{b_n}{b_{nn}}$$

und weiter rekursiv und allgemein

$$(1.5\text{-}3) \qquad x_i^* = \frac{1}{b_{ii}} \left(b_i - \sum_{k=i+1}^{n} b_{ik} x_k^* \right), \quad i = n, n-1, \ldots, 2, 1.$$

Dabei ist allerdings vorauszusetzen, daß $b_{ii} \neq 0$, $i=1,\ldots,n$ gilt. Nun war det $A \neq 0$ vorausgesetzt und somit det $B = $ det G det $A \neq 0$. Wegen det $B = b_{11} \cdot b_{22} \cdot \ldots \cdot b_{nn} \neq 0 \longrightarrow b_{ii} \neq 0$, $i = 1, \ldots, n$.

Ist det $A = 0$, so besitzt $Ax = a$, wie wir gesehen haben, genau dann Lösungen, wenn Rg $A = $ Rg$(A,a) = r$ gilt. In diesem Fall gilt Rg $B = $ Rg$(B,b) = r$, und wir fordern zusätzlich, daß das Gleichungssystem $Bx = b$ jetzt die Gestalt

$$
\begin{aligned}
b_{11}x_1 + b_{12}x_2 + \cdots\cdots + b_{1n}x_n &= b_1 \\
b_{22}x_2 + \cdots\cdots + b_{2n}x_n &= b_2 \\
&\;\;\vdots \\
b_{rr}x_r + \cdots + b_{rn}x_n &= b_r
\end{aligned}
$$

$$(1.5\text{-}4)$$

besitzt mit $b_{ii} \neq 0$, $i=1,\ldots,r$. Wegen der speziellen Form dieses Systems ist Rg $B \leq r$, Rg$(B,b) \leq r$. Nun gilt aber

$$
\det \begin{pmatrix}
b_{11} & b_{12} & \cdots b_{1r} \\
 & b_{22} & \cdots b_{2r} \\
 & & \ddots \\
0 & & b_{rr}
\end{pmatrix} = b_{11} \cdot \ldots \cdot b_{rr} \neq 0,
$$

und da dies eine r-reihige Unterdeterminante ist, gilt in der Tat Rg $B = $ Rg$(B,b) = r$. Wie man das System (1.5-4) löst, d.h. wie man eine allgemeine Lösung bestimmt, werden wir später sehen.

Zunächst erhebt sich aber die Frage, wie man das System $Ax = a$ auf ein System $Bx = b$ der angegebenen Form reduziert. Diese Reduktion wird durch Anwendung des Gauss-Algorithmus geleistet.

1.6 DER GAUSS-ALGORITHMUS FÜR REGULÄRE SYSTEME

Wir betrachten zunächst reguläre Systeme, d.h. solche, deren Matrix regulär ist. Später werden wir uns von dieser Voraussetzung lösen.

Weiter beschreiben wir den Gauss-Algorithmus mit <u>Pivotisierung</u>. Darunter versteht man die Zwischenschaltung geeigneter Zeilenvertauschungen. Im ersten Schritt des Gauss-Algorithmus z.B. bestimmen wir entweder

$$(1.6\text{-}1) \qquad \underset{k=1,\dots,n}{\text{Max}} \{|a_{k1}|\} \, , \qquad (\text{"Spaltenpivotisierung"})$$

d.h. das betragsmäßig größte Element in der ersten Spalte von A oder

$$(1.6\text{-}2) \qquad \underset{i,k=1,\dots,n}{\text{Max}} \{|a_{ik}|\} \qquad (\text{"vollständige Pivotisierung"})$$

also das betragsmäßig größte Element von A selbst. Wir beschreiben den Algorithmus zunächst mit Spaltenpivotisierung, die im Falle det $A \neq 0$ fast immer ausreicht.

Bevor wir uns dann dem 1. Schritt des Gauss-Algorithmus zuwenden, wollen wir aus gleich ersichtlichen Gründen noch die Schreibweise

$$(1.6\text{-}3) \qquad a_{ik}^{0} := a_{ik} \, , \quad a_{i}^{0} := a_{i}$$

einführen. Wir setzen dann formal

$$(1.6\text{-}4) \qquad S^{(0)} := (A^{(0)}, a^{(0)}) := \left(\begin{array}{ccc|c} a_{11}^{0} & a_{12}^{0} \cdots a_{1n}^{0} & a_{1}^{0} \\ a_{21}^{0} & a_{22}^{0} \cdots a_{2n}^{0} & a_{2}^{0} \\ \vdots & & \\ a_{n1}^{0} & a_{n2}^{0} \quad a_{nn}^{0} & a_{n}^{0} \end{array} \right)$$

1. Schritt

1.1 Man bestimme s so, daß

$$\text{Max}\ \{|a_{i1}|\}\ =\ |a_{s1}|$$

1.2 Man vertausche in $S^{(0)}$ die 1. mit der s. Zeile. Hieraus resultiert

$$\bar{S}^{(0)}\ :=\ (\bar{A}^{(0)},\bar{a}^{(0)})\ :=\ \left[\begin{array}{ccc|c} \bar{a}^0_{11} & \bar{a}^0_{12}\ \ldots\bar{a}^0_{1n} & \bar{a}^0_1 \\ \vdots & & \\ \bar{a}^0_{n1} & \bar{a}^0_{n2}\quad\bar{a}^0_{nn} & \bar{a}^0_n \end{array}\right]$$

1.3 Man berechne hieraus

$$s^{(1)}\ :=\ (A^{(1)}),a^{(1)}\ :=\ \left[\begin{array}{ccc|c} \bar{a}^0_{11} & \bar{a}^0_{12}\ \cdots\bar{a}^0_{1n} & \bar{a}^0_1 \\ 0 & a^1_{22}\ \cdots a^1_{2n} & a^1_2 \\ \vdots & & \\ 0 & a^1_{n2}\quad a^1_{nn} & a^1_n \end{array}\right]$$

mit
$$(1.6\text{-}5)\qquad a^1_{ij}\ :=\ \bar{a}^0_{ij}\ -\ \frac{\bar{a}^0_{i1}}{\bar{a}^0_{11}}\ \bar{a}^0_{1j}, a^1_i\ :=\ \bar{a}^0_i\ -\ \frac{\bar{a}^0_{i1}}{\bar{a}^0_{11}}\ \bar{a}^0_1,\ i,j\ =2,\ldots,n.\quad\blacksquare$$

Nach diesem 1. Schritt haben wir erreicht, daß unterhalb $\bar{a}^0_{11}$ nur Nullen stehen. Für $n=2$ hätten wir die Reduktion von $Ax = a$ auf ein System mit oberer Dreiecksmatrix bereits durchgeführt.

Man erkennt auch den Hauptgrund für die Pivotisierung: es kann $a_{11} =0$ gelten, so daß (1.6-5) nicht durchführbar ist. Auf der anderen Seite gibt es in der ersten Spalte von A ein betragsmäßig größtes Element $\neq 0$, denn sonst würden in der 1. Spalte von A nur Nullen stehen, was det A = 0 zur

Folge hätte.

Für j=1 folgt aus (1.6-5) $a^1_{i1} = \bar{a}^0_{i1} - \dfrac{\bar{a}^0_{i1}}{\bar{a}^0_{11}} \bar{a}^0_{11} = 0$, i =2,...,n, d.h.

(1.6-5) gilt auch für j = 1. Dies wird bei der gewählten Beschreibung des Gauss-Algorithmus jedoch nicht benötigt.

Die weiteren Schritte des Gauss-Algorithmus verlaufen dann ganz analog dem ersten.Nach dem k-ten Schritt, $1\leq k\leq n-2$, hat man dann folgendes Schema hergestellt

$$(1.6\text{-}6) \qquad S^{(k)} := (A^{(k)}, a^{(k)}) := \left(\begin{array}{cccccc|c}
\bar{a}^0_{11} & \bar{a}^0_{12} & \cdots & \bar{a}^0_{1k+1} & \cdots \bar{a}^0_{1n} & \bar{a}^0_1 \\
0 & \bar{a}^1_{22} & \cdots & \bar{a}^1_{2k+1} & \cdots \bar{a}^1_{2n} & \bar{a}^1_2 \\
\vdots & & & & & \\
0 & \cdots & 0\ \bar{a}^{k-1}_{kk} & \bar{a}^{k-1}_{kk+1} & \cdots \bar{a}^{k-1}_{kn} & \bar{a}^{k-1}_k \\
\hline
 & & & a^k_{k+1k+1} \cdots a^k_{k+1n} & & a^k_{k+1} \\
 & 0 & & \vdots & & \\
 & & & a^k_{nk+1} \cdots a^k_{nn} & & a^k_n
\end{array}\right)$$

Für k=1 erhält man das Schema unter 1.3. Wir beschreiben nun den (k+1)-ten Schritt:

<u>(k+1).Schritt</u>

k+1. 1 Man bestimmt s so, daß

$$\underset{i\geq k+1}{\text{Max}} \ \{|a^k_{i,k+1}|\} = |a^k_{s,k+1}|$$

k+1. 2 Man vertausche in $S^{(k)}$ die (k+1). mit der s. Zeile. Hieraus resultiert

$$\bar{S}^{(k)} := (\bar{A}^{(k)}, \bar{a}^{(k)})$$

Dabei entsteht $\bar{S}^{(k)}$ aus $S^{(k)}$ formal dadurch, daß man in den letzten n-k Zeilen a_{ij}^{k} durch $\bar{a}_{ij}^{k}$, a_{i}^{k} ersetzt, die Elemente in den ersten k Zeilen aber nicht ändert.

k+1. 3 Man berechne hieraus

$$S^{(k+1)} := (A^{(k+1)}, a^{(k+1)})$$

mit

$$(1.6-7) \qquad a_{ij}^{k+1} := \bar{a}_{ij}^{k} - \frac{\bar{a}_{ik+1}^{1}}{\bar{a}_{k+1k+1}^{k}} \, \bar{a}_{k+1j}^{k}, \quad a_{i}^{k+1} := \bar{a}_{i}^{k} - \frac{\bar{a}_{ik+1}^{k}}{\bar{a}_{k+1k+1}^{k}} \, \bar{a}_{k+1}^{k},$$

$$i,j = k+2,\ldots,n.$$

Dabei ist $S^{(k+1)}$ durch (1.6-6) gegeben, wenn man dort k durch k+1 formal ersetzt.

Man erhält nach n-1 Schritten schließlich

$$(1.6-8) \qquad S^{(n-1)} := (A^{(n-1)}, a^{(n-1)}) = (B,b),$$

und somit

$$(1.6-9) \qquad Bx = b$$

mit oberer Dreiecksmatrix, das dann gemäß (1.5-3) sofort gelöst werden kann.

Der erste Teilschritt in jedem Schritt des Gauss-Algorithmus besteht aus der Spaltenpivotisierung. Man erkennt im Nachhinein, daß diese im allgemeinen erforderlich ist. Denn gilt etwa nach dem k-ten Schritt (vgl. (1.6-6)

$a^{k}_{k+1\ k+1} = 0$, so ist wegen (1.6-7) ohne Pivotisierung der (k+1)-te Schritt nicht mehr durchführbar, der Algorithmus bricht zusammen.

Darüberhinaus kann man durch etwas mühsame Untersuchungen nachweisen, daß auch die Fortpflanzung der Rundungsfehler günstiger ist, wenn Spaltenpivotisierung und erst recht vollständige Pivotisierung durchgeführt wird. Die vollständige Pivotisierung wird man jedoch möglichst vermeiden, da eine bestehende Bandstruktur in A dann zerstört wird, während Spaltenpivotisierung die Bandbreite im schlimmsten Fall verdoppelt.

BEISPIEL.-

Ohne Pivotisierung ist mit dem Gauss-Algorithmus auch ein solch harmloses Gleichungssystem wie Ax = a mit

$$A = \begin{bmatrix} 1 & -1 & 1 \\ -4 & 4 & -3 \\ 2 & 1 & 1 \end{bmatrix} \quad , \quad a = \begin{bmatrix} 1 \\ -1 \\ 1 \end{bmatrix}$$

nicht lösbar. Man erhält nämlich

$$S^{(0)} = \left[\begin{array}{ccc|c} 1 & -1 & 1 & 1 \\ -4 & 4 & -3 & -1 \\ 2 & 1 & 1 & 1 \end{array}\right] , \quad S^{(1)} = \left[\begin{array}{ccc|c} 1 & -1 & 1 & 1 \\ 0 & 0 & 1 & 3 \\ 0 & 3 & -1 & -1 \end{array}\right]$$

Wegen $a^{1}_{22} = 0$ könnte der Algorithmus in der Tat nicht weitergeführt werden. Dagegen liefert die Vertauschung der 2. und 3. Zeile in $S^{(1)}$ sofort - ohne daß der zweite Schritt noch auszuführen ist -

$$\tilde{S}^{(1)} = S^{(2)} = \left[\begin{array}{ccc|c} 1 & -1 & 1 & 1 \\ 0 & 3 & -1 & -1 \\ 0 & 0 & 1 & 3 \end{array}\right]$$

Hieraus erhält man dann $x^{*}_1 = -\frac{4}{3}$, $x^{*}_2 = \frac{2}{3}$, $x^{*}_3 = 3$. ∎

Ist von vornherein det A $\neq$ o gesichert - und das haben wir hier vorausgesetzt - so kann man den Aufwand für die Spaltenpivotisierung notfalls reduzieren: man führt sie im (k+1)-ten Schritt nur im Fall $a^{k}_{k+1\ k+1} = 0$ durch. Allerdings muß dann unter Umständen mit einer ungünstigeren

Fehlerfortpflanzung gerechnet werden. Man kann darüber hinaus zeigen, daß
eine Pivotisierung nicht erforderlich ist, wenn A symmetrisch und positiv
definit ist. Wir werden uns diese Tatsache beim Cholesky-Algorithmus in
1.8 zunutze machen.

1.7 DER GAUSS-ALGORITHMUS FÜR ALLGEMEINE SYSTEME

Wir betrachten nun ein Gleichungssystem

$$(1.7\text{-}1) \qquad Ax = a$$

mit quadratischer $n \times n$-Matrix, setzen jedoch nicht mehr det $A \neq 0$ voraus.
Es gilt dann

$$(1.7\text{-}2) \qquad Rg\ A = r \leqq n.$$

Auf das Gleichungssystem wenden wir wieder den Gauss-Algorithmus an, wobei
allerdings die Spaltenpivotisierung im allgemeinen nicht mehr ausreicht.
Denn jetzt kann es im Fall $r < n$ vorkommen, daß nach dem k-ten Schritt

$$a^k_{k+1\ k+1} = \cdots = a^k_{n\ k+1} = 0$$

gilt. Dabei ist auch $k = 0$ zugelassen. Anstelle der Spaltenpivotisierung
wird man dann die vollständige Pivotisierung durchführen.

Die beiden ersten Teilschritte des (k+1)-ten Schrittes lauten dann:

k+1. 1 $\qquad$ Man bestimme r und s so, daß

$$\mathop{Max}_{k+1\ \leqq\ i,\ j\ \leqq\ n} \{|a^k_{ij}|\} = |a^k_{rs}|.$$

Gilt $|a^k_{rs}| = 0$, so setze man $S^{(k)} = (B,b)$.

k+1. 2   Für $|a^k_{rs}| > 0$ vertausche man in $S^{(k)}$ die $(k+1)$-te Zeile mit der r-ten Zeile, die $(k+1)$-te Spalte mit der s-ten Spalte und schließlich x_{k+1} mit x_s. Hieraus resultiert

$$\bar{S}^{(k)} = (\bar{A}^{(k)}, \bar{a}^{(k)}).$$

Durch das Vertauschen der $(r+1)$-ten mit der s-ten Spalte werden auch die Unbekannten x_{k+1} und x_s vertauscht.

Damit man nach Abschluß der Rechnung wieder die x_i in der ursprünglichen Reihenfolge bestimmen kann, muß über die Variablenvertauschungen Buch geführt werden.

Weniger aufwendig ist ein anderes Vorgehen, das wir mit <u>Spaltenpivotisierung mit Spaltentausch</u> bezeichnen wollen. Dabei sucht man zunächst unter den letzten $n-k$ Spalten die erste, die mindestens ein nichtverschwindendes Element a^k_{ij}, $k+1 \leq i$, $j \leq n$, enthält. Ist dies die $(k+1)$-te Spalte selbst, so führt man die Spaltenpivotisierung ohne Spaltentausch wie bei Algorithmen für det $A \neq 0$ durch. Ist das nicht der Fall, und ist die s-te Spalte die erste, die ein nichtverschwindendes Element besitzt, so vertauschen wir die $(r+1)$-te Spalte mit der s-ten Spalte und entsprechend x_{r+1} mit x_s. Dann führen wir wieder die Spaltenpivotisierung durch.

Die ersten beiden Teilschritte des $(k+1)$-ten Schrittes lauten daher

k+1. 1   Man bestimme ein minimales s, $k+1 \leq s \leq n$, so, daß

$$|a^k_{k+1\,s}| + |a^k_{k+2\,s}| + \ldots + |a^k_{ns}| > 0.$$

Gibt es kein solches s, so setze man $S^{(k)} = (B,b)$. Andernfalls bestimme man r so, daß

$$\underset{k+1 \leq i \leq n}{\text{Max}} \{|a^k_{is}|\} = |a^k_{rs}|$$

k+1. 2 Für $|a_{rs}^k| > o$ vertausche man in $S^{(k)}$ die (k+1)-te
Zeile mit der r-ten Zeile, die (k+1)-te Spalte mit
der s-ten Spalte und schließlich x_{k+1} mit x_s. Hieraus
resultiert

$$S^{(k)} = (\bar{A}^{(k)}, \bar{a}^{(k)}).$$ ∎

Der Gauss-Algorithmus liefert nun in allen Fällen ein Schema der Gestalt

$$(1.7\text{-}3) \qquad (B,b) = \left(\begin{array}{ccc|ccc|c} b_{11} & \cdots & b_{1r} & b_{1r+1} & \cdots & b_{1n} & b_1 \\ & \vdots & & & \vdots & & \\ & & b_{rr} & b_{rr+1} & \cdots & b_{rn} & b_r \\ \hline & & & & & & b_{r+1} \\ & & & & & & \vdots \\ & 0 & & & 0 & & b_n \end{array}\right)$$

mit $b_{11} \cdot b_{22} \cdot \ldots \cdot b_{rr} \neq 0$. Dabei gilt

$$\mathrm{Rg}\ A = \mathrm{Rg}\ B = r,$$

denn es ist

$$\det \begin{pmatrix} b_{11} & \cdots & b_{1r} \\ & \ddots & \vdots \\ 0 & & b_{rr} \end{pmatrix} = b_{11} \cdot b_{22} \cdot \ldots \cdot b_{rr} \neq 0.$$

Für r = n haben wir den Fall des schon bekannten regulären Gleichungssystems. Für r < n besitzt das System Bx = b genau dann Lösungen, wenn
Rg B = Rg(B,b), wenn also

$$(1.7\text{-}4) \qquad b_{r+1} = b_{r+2} = \ldots = b_n = 0$$

gilt. Wir setzen dies künftig voraus.

Die allgemeine Lösung von $Bx = b$ hat nach (1.4-11) die Gestalt

$$(1.7-4) \qquad x^* = x^{*(0)} + c_1 x^{*(1)} + \ldots + c_d x^{*(d)}, \quad d := n-r.$$

Dabei ist $x^{*(0)}$ irgendeine Lösung von $Bx = b$, während die $x^{*(1)}, \ldots x^{*(d)}$ ein Fundamentalsystem von $Bx = 0$ bilden. Die $c_1, \ldots, c_d$ sind willkürliche reelle Zahlen.

Wir bestimmen nun mit Hilfe von (1.7-3) unter der Voraussetzung (1.7-4) eine Lösung von $Bx = b$, indem wir $x^{*(0)}_{r+1} = x^{*(0)}_{r+2} = \ldots = x^{*(0)}_n = 0$ setzen und dann das reguläre System

$$
\begin{aligned}
b_{11}x_1 + b_{12}x_2 + \ldots + b_{1r}x_r &= b_1 \\
b_{22}x_2 + \ldots + b_{2r}x_r &= b_2 \\
&\;\;\ddots \\
b_{rr}x_r &= b_r
\end{aligned}
$$

$$(1.7-5)$$

lösen. Dessen Lösung sei $x^{*(0)}_1, \ldots, x^{*(0)}_r$, so daß

$$(1.7-6) \qquad x^{*(0)} := (x^{*(0)}_1, \ldots, x^{*(0)}_r, 0, \ldots, 0)^T$$

in der Tat eine - spezielle - Lösung von $Bx = b$ ist.

Es muß nun noch ein Fundamentalsystem von $Bx = 0$ gefunden werden. Dazu schreiben wir uns das zugehörige homogene System in der Form

$$
\begin{aligned}
b_{11}x_1 + \ldots + b_{1r}x_r &= -b_{1r+1}x_{r+1} - \ldots - b_{1n}x_n \\
&\;\;\ddots \\
b_{rr}x_r &= -b_{rr+1}x_{r+1} - \ldots - b_{rn}x_n
\end{aligned}
$$

Wir ersetzen dann

$$\tilde{x} := (x_{r+1}, \ldots, x_n)^T$$

nacheinander durch die $d := n-r$-komponentigen Vektoren

$$\tilde{e}_1 := \begin{pmatrix} 1 \\ 0 \\ \vdots \\ 0 \end{pmatrix}, \quad \tilde{e}_2 := \begin{pmatrix} 0 \\ 1 \\ 0 \\ \vdots \\ 0 \end{pmatrix}, \quad \tilde{e}_d := \begin{pmatrix} 0 \\ \vdots \\ 0 \\ 1 \end{pmatrix}$$

und lösen mit den hiermit entstehenden rechten Seiten jeweils das System (1.7-7). Man erhält $d = n-r$ eindeutige Lösungen

$$\tilde{x}^{*(i)} := (x_1^{*(i)}, \ldots, x_r^{*(i)})^T, \quad i = 1, \ldots, d,$$

und kann hieraus die d Vektoren

$$(1.7\text{-}8) \qquad x^{*(i)} := (x_1^{*(i)}, \ldots, x_r^{*(i)}, 0, \ldots, 0, 1, 0, \ldots, 0)^T,$$

$$i = 1, \ldots, d,$$

bilden, wobei die Komponente "1" an der $(r+i)$-ten Stelle steht. Man kann dann nachweisen, daß die Vektoren (1.7-8) ein Fundamentalsystem von $Bx = 0$ bilden. Damit ist das Gleichungssystem $Bx = b$ und auch $Ax = a$ gelöst.

BEISPIEL.-

Es soll das Gleichungssystem

$$\begin{aligned}
4x_1 + x_2 - x_3 - 2x_4 &= 1 \\
3x_1 - x_2 + 2x_3 - x_4 &= 2 \\
7x_2 - 11x_3 - 2x_4 &= -5 \\
2x_1 - 3x_2 + 5x_3 &= 3
\end{aligned}$$

gelöst werden. Man errechnet

$$S^{(0)} = (A^{(0)}, a^{(0)}) = \begin{bmatrix} 4 & 1 & -1 & -2 & | & 1 \\ 3 & -1 & 2 & -1 & | & 2 \\ 0 & 7 & -11 & -2 & | & -5 \\ 2 & -3 & 5 & 0 & | & 3 \end{bmatrix}$$

$$S^{(1)} = (A^{(1)}, a^{(1)}) = \begin{bmatrix} 4 & 1 & -1 & -2 & | & 1 \\ 0 & -\dfrac{7}{4} & \dfrac{11}{4} & \dfrac{2}{4} & | & \dfrac{5}{4} \\ 0 & 7 & -11 & -2 & | & -5 \\ 0 & -\dfrac{7}{2} & \dfrac{11}{2} & \dfrac{2}{2} & | & \dfrac{5}{2} \end{bmatrix}$$

$$S^{(2)} = (A^{(2)}, a^{(2)}) = \begin{bmatrix} 4 & 1 & -1 & 2 & | & 1 \\ 0 & 7 & -11 & -2 & | & -5 \\ 0 & 0 & 0 & 0 & | & 0 \\ 0 & 0 & 0 & 0 & | & 0 \end{bmatrix} = (B,b).$$

Es gilt daher Rg A = Rg B = Rg(B,b) = Rg(A,a) = 2 und d = n-r = 4-2 = 2.
Eine Lösung von Bx = b mit $x_3^{*(0)} = x_4^{*(0)} = 0$ erhält man aus

$$4x_1 + x_2 = 1$$
$$7x_2 = -5$$

d.h. $\qquad x_2^{*(0)} = -\dfrac{5}{7}, \; x_1^{*(0)} = \dfrac{3}{7}$ und somit

$$x^{*(0)} = (\tfrac{3}{7}, -\tfrac{5}{7}, 0, 0)^T.$$

Zur Berechnung eines Fundamentalsystems schreiben wir Bx = 0 in der Form

$$4x_1 + x_2 = x_3 - 2x_4$$
$$7x_2 = 11x_3 + 2x_4$$

und setzen, wie eben beschrieben, auf der rechten Seite nacheinander
ein:

$$\tilde{e}_1 := \begin{bmatrix} 1 \\ 0 \end{bmatrix}, \quad \tilde{e}_2 := \begin{bmatrix} 0 \\ 1 \end{bmatrix}.$$

Die Lösung der Systeme liefert dann

$$\bar{x}\ast^{(1)} = \begin{bmatrix} -\dfrac{1}{7} \\[2mm] \dfrac{11}{7} \end{bmatrix}, \quad \bar{x}\ast^{(2)} = \begin{bmatrix} -\dfrac{4}{7} \\[2mm] \dfrac{2}{7} \end{bmatrix}.$$

Das Fundamentalsystem ist daher nach (1.7-8)

$$x\ast^{(1)} = (-\tfrac{1}{7}, \tfrac{11}{7}, 1, 0)^T, \quad x\ast^{(2)} = (-\tfrac{4}{7}, \tfrac{2}{7}, 0, 1)^T,$$

die allgemeine Lösung des Gleichungssystem kann dann nach (1.7-5) gebildet werden.
∎

1.8. DER CHOLESKY-ALGORITHMUS, SYSTEME MIT BANDSTRUKTUR, RECHENAUFWAND

Eine Variante des Gauss-Algorithmus für Gleichungssysteme mit symmetrischer und positiv definiter Matrix A ist der Cholesky-Algorithmus.
Man zerlegt hierbei A in der Form

$$A = R^T R$$

und erhält mit der oberen Dreiecksmatrix $R := (r_{ij})$ das zu lösende
Gleichungssystem $Ax = R^T Rx = a$, also mit $r := (R^T)^{-1} a$

$$(1.8\text{-}1) \qquad Rx = r.$$

Man kann allgemein zeigen, daß für die Lösung von Gleichungssystemen
mit symmetrischer und positiv definiter Matrix mit dem Gauss-Algorithmus
keine Pivotisierung erforderlich ist. In diesem Fall gilt überdies für
die Diagonalelemente der Matrix B

$$b_{ii} > 0.$$

Der Cholesky-Algorithmus steht dann in enger Beziehung zum Gauss-Algorithmus, es gilt nämlich

$$r_{ij} = \frac{b_{ij}}{\sqrt{b_{ii}}} \quad , \quad r_i = \frac{b_i}{\sqrt{b_{ii}}}$$

Die rekursiven Rechenvorschriften des Cholesky-Algorithmus zur Konstruktion des Gleichungssystems Rx = r lauten allgemein

$$r_{ii}^2 = a_{ii} - \sum_{k=1}^{i-1} r_{ki}^2, \quad r_{ij} = \frac{1}{r_{ii}}(a_{ij} - \sum_{k=1}^{i-1} r_{ki}r_{kj}), \quad j > i$$

(1.8-2)

$$r_i = \frac{1}{r_{ii}} (a_i - \sum_{k=1}^{i-1} r_{ki}r_k)$$

$$i,j = 1,2,\ldots,n.$$

Hieraus folgt insbesondere

$$r_{11} = \sqrt{a_{11}}, \quad r_{1j} = \frac{a_{1j}}{r_{11}} = \frac{a_{1j}}{\sqrt{a_{11}}}, \quad j = 2,\ldots,n, \quad r_1 = \frac{a_1}{r_{11}} = \frac{a_1}{\sqrt{a_{11}}}$$

Bei Benutzung des Formelsatzes (1.8-2) berechnet man die Matrix R zweckmäßigerweise Zeile für Zeile hintereinander. Der Algorithmus ist sehr leicht programmierbar.

Der Cholesky-Algorithmus bewirkt im allgemeinen, daß betragsmäßig extrem große bzw. kleine Elemente von B in R betragsmäßig verkleinert bzw. vergrößert werden. Dies ist ein Grund dafür, weshalb er auch noch bei fast singulären Matrizen oft zu befriedigenden Resultaten führt.

Bei der numerischen Lösung von Randwertproblemen gewöhnlicher oder partieller Differentialgleichungen durch Differenzenverfahren oder die Methode der finiten Elemente entstehen große lineare Gleichungssysteme

deren Matrix eine <u>Bandstruktur</u> besitzt. In der Regel besitzt A die Gestalt
einer <u>Block-Tridiagonalmatrix</u>:

$$(1.8\text{-}3) \qquad \begin{bmatrix} A_1 & C_1 & & & & \\ B_2 & A_2 & C_2 & & 0 & \\ & \ddots & \ddots & \ddots & & \\ & & B_{n-1} & A_{n-1} & C_{n-1} \\ 0 & & & B_n & A_n \end{bmatrix}$$

Dabei sind die A_i, i = 1,...,n, quadratische Matrizen der Ordnung m_i, B_i
und C_i sind dagegen im allgemeinen rechteckige Matrizen, und zwar ist

$$B_i \quad \text{eine } m_i \times m_{i-1}\text{-Matrix,}$$
$$C_i \quad \text{eine } m_i \times m_{i+1}\text{-Matrix.}$$

Ist m_i =m, i =1,...,n, so sind alle Teilmatrizen A_i, B_i, C_i quadratische
Matrizen der Ordnung m.

BEISPIEL.-

Eine einfache Block-Tridiagonalmatrix ist

$$A := \begin{bmatrix} 4 & -1 & 0 & | & -1 & 0 & 0 & | & 0 & 0 & 0 \\ -1 & 4 & -1 & | & 0 & -1 & 0 & | & 0 & 0 & 0 \\ 0 & -1 & 4 & | & 0 & 0 & -1 & | & 0 & 0 & 0 \\ \hline -1 & 0 & 0 & | & 4 & -1 & 0 & | & -1 & 0 & 0 \\ 0 & -1 & 0 & | & -1 & 4 & -1 & | & 0 & -1 & 0 \\ 0 & 0 & -1 & | & 0 & -1 & 4 & | & 0 & 0 & -1 \\ \hline 0 & 0 & 0 & | & -1 & 0 & 0 & | & 4 & -1 & 0 \\ 0 & 0 & 0 & | & 0 & -1 & 0 & | & -1 & 4 & -1 \\ 0 & 0 & 0 & | & 0 & 0 & -1 & | & 0 & -1 & 4 \end{bmatrix}$$

Hierbei gilt

$$A_i := \begin{bmatrix} 4 & -1 & 0 \\ -1 & 4 & -1 \\ 0 & -1 & 4 \end{bmatrix} \quad ,B_i = C_i := -I = \begin{bmatrix} -1 & 0 & 0 \\ 0 & -1 & 0 \\ 0 & 0 & -1 \end{bmatrix}, i = 1,2,3. \quad \blacksquare$$

Die Matrix (1.8-3) hat in der Tat eine "Bandstruktur" mit einer durch die Matrizen B_i, A_i, C_i gegebenen "Bandbreite". Sind insbesondere alle Matrizen B_i, A_i, C_i 1×1-Matrizen, so ist (1.8-3) eine Tridiagonalmatrix mit der Bandbreite 3.

Bei der oben genannten numerischen Lösung von Randwertproblemen sind die entstehenden Gleichungssysteme oft extrem groß (ca. 10^6 Gleichungen sind nicht selten), sie besitzen aber Bandstruktur und sind <u>schwach besetzt</u> (in der englischsprachigen Literatur <u>sparse</u>). Das bedeutet, daß jede Gleichung des großen Systems nur wenige Unbekannte enthält, etwa 3,5 oder 9 Unbekannte.

Wegen der überragenden Bedeutung solcher schwach besetzter großer linearer Gleichungssysteme mit Bandstruktur hat man sich vor allem in den letzten Jahren bemüht, schnelle und zuverlässige Verfahren zu ihrer numerischen Lösung zu entwickeln. Die meisten dieser Verfahren werden jedoch nur bei gleichzeitiger Betrachtung der numerischen Lösung der genannten Randwertprobleme verständlich und durchschaubar.

Hier soll nur kurz eine Variante des Gauss-Algorithmus zur Lösung von linearen Gleichungssystemen $Ax = a$ mit Matrizen der Gestalt (1.8-3) beschrieben werden.

Dazu setzen wir

$$(1.8-4) \qquad x := \begin{bmatrix} x^{(1)} \\ x^{(2)} \\ \vdots \\ x^{(n)} \end{bmatrix} , \quad a := \begin{bmatrix} a^{(1)} \\ a^{(2)} \\ \vdots \\ a^{(n)} \end{bmatrix}$$

wobei die $x^{(i)}$ bzw. $a^{(i)}$ Vektoren mit den m_i Komponenten $x_k^{(i)}$, $k = 1,\ldots,m_i$, sind. Das Gleichungssystem $Ax = a$ führen wir dann über in das System $Bx = b$ mit der oberen Block-Dreiecksmatrix

$$(1.8-4) \qquad B := \begin{pmatrix} F_1 & C_1 & & & & \\ & F_2 & C_2 & & 0 & \\ & & \ddots & \ddots & & \\ & 0 & & F_{n-1} & C_{n-1} \\ & & & & F_n \end{pmatrix}$$

und der rechten Seite

$$(1.8-5) \qquad b := (b^{(1)}, b^{(2)}, \ldots, b^{(n)})^T$$

Diese berechnet man rekursiv wie folgt: $j = 2,\ldots,n.$

$$F_1 = A_1, \quad b^{(1)} = a^{(1)}$$

$$(1.8-6) \qquad F_j = A_j - B_j F_{j-1}^{-1} C_{j-1}, \quad b^{(j)} = a^{(j)} - B_j F_{j-1}^{-1} b^{(j-1)},$$

Dieser Algorithmus kann ohne Pivotisierung durchgeführt werden, wenn die Matrizen F_k nichtsingulär sind. Dies ist genau dann der Fall, wenn $\det A \neq 0$ gilt, denn es besteht die Beziehung

$$\det A = \det B = \prod_{i=1}^{n} \det F_i$$

Die Ordnung der Matrizen F_k ist im allgemeinen klein, so daß die Berechnung ihrer Inversen keine Schwierigkeiten bereitet. Auch gibt es für die Berechnung der Inversen Algorithmen, die aus dem Gauss-Algorithmus abgeleitet sind. Man vergleiche hierzu etwa [13] S. 112 ff.

Mit Hilfe von (1.8-6) erhält man das System $Bx = b$ und daraus wegen der speziellen Gestalt von (1.8-4) nacheinander die Teilsysteme

$$(1.8-7) \qquad F_n x^{(n)}, \quad F_i x^{(i)} = (b^{(i)} - C_i x^{(i+1)}),$$

$$i = n-1,\ldots,1,$$

die man zweckmäßigerweise mit dem Gauss-Algorithmus oder - wenn die F_i symmetrisch sind, was oft vorkommt - mit dem Cholesky-Algorithmus löst. Das i-te System von (1.8-7) besitzt m_i Gleichungen.

Es ist nun an der Zeit, sich Gedanken über den notwendigen <u>Rechenaufwand</u> der bisher betrachteten Verfahren zur Lösung linearer Gleichungssysteme zu machen. Ein wichtiges Kriterium für diesen Rechenaufwand liefert die Abschätzung der notwendigen arithmetischen Rechenoperationen. Wir wollen das Ergebnis solcher Abzählungen für einige der beschriebenen Verfahren kurz wiedergeben. Die Rechenoperationen für die Pivotisierung werden dabei nicht gezählt, außerdem wollen wir nur die Multiplikationen (dazu gehören natürlich auch die Divisionen) berücksichtigen. Bei fast allen hier betrachteten Algorithmen ist jedoch eine etwa gleich große Anzahl von Additionen durchzuführen. Daher gilt bei den Abzählungen grob

$$\text{Rechenoperation} \approx \text{Multiplikation} + \text{Addition}$$

Dann erhält man für ein System mit n Unbekannten

Verfahren	Zahl der Rechenoperationen
Gauss-Algorithmus	$\dfrac{n^3}{3} + n^2 - \dfrac{n}{3}$
Cholesky-Algorithmus	$\dfrac{n^3}{6} + \dfrac{3n^2}{2} + \dfrac{n}{3}$
Gauss-Algorithmus bei Block-Tridiagonalmatrix und $m_i = m$	$(m^3+m^2)\,(3n-2)$
Gauss-Algorithmus bei Tridiagonalmatrix	$5n - 4$

Sieht man von Gleichungssystemen ab, deren Ausgangsdaten durch Messungen bestimmt werden, so sind Rundungsfehler die beim Gauss-Algorithmus und

seinen Varianten dominierenden Fehler. Unter gewissen realistischen Annahmen lassen sie sich zwar abschätzen, jedoch ist der Aufwand dabei
relativ groß [1]. Zudem sind die Abschätzungen bei sehr großen Gleichungssysteme in der Praxis zu pessimistisch.

Die Teilpivotisierung oder vollständige Pivotisierung trägt im allgemeinen zur Reduzierung von Rundungsfehlern und deren Auswirkungen bei,
wie wir bereits erwähnt haben. Es gibt jedoch Fälle, wo trotz Pivotisierung die Rechenergebnisse unbrauchbar sind. Dies ist oft bei sehr
schlecht konditionierten Systemen der Fall (vgl. 1.4).

In solchen, aber auch in weniger schwierigen Fällen, kann eine sogenannte
<u>Nachiteration</u> weiterhelfen.

Dabei sei $x^{(0)}$ eine mit dem Algorithmus berechnete Näherungslösung und
es gelte

$$(1.8\text{-}8) \qquad Ax^{(0)} - a = \delta^{(0)}a$$

Wir lösen dann das System

$$(1.8\text{-}9) \qquad Az^{(0)} = \delta^{(0)}a$$

mit dem Gauss-Algorithmus und setzen

$$(1.8\text{-}10) \qquad x^{(1)} = x^{(0)} - z^{(0)}.$$

Theoretisch erfüllt $x^{(1)}$ das System $Ax = a$, praktisch ist $x^{(1)}$ aber
wieder nur eine Näherungslösung dieses Systems, da sie auf ähnlichem
Wege wie $x^{(0)}$ berechnet wurde. Ist $x^{(1)}$ noch zu ungenau, so setzt man
den Iterationsprozeß fort. Allgemein lautet er:

Sei

$$Ax^{(\nu)} - a = \delta^{(\nu)}a,$$

so berechne man $z^{(\nu)}$ aus

$$A z^{(\nu)} = \delta^{(\nu)} a$$

und setze

$$x^{(\nu+1)} = x^{(\nu)} - z^{(\nu)}, \quad \nu = 0,1,\dots .$$

Damit die Nachiteration sinnvoll ist, müssen die Vektoren $\delta^{(\nu)} a$ mit gegenüber der restlichen Rechnung doppelter Genauigkeit bestimmt werden. Wir hat-
ten in 1.4 gesehen, daß die Größe der Komponenten von $\delta^{(\nu)} a$ bei schlecht
konditionierten Matrizen oft keinen Rückschluß auf die Güte der Näherungslösung $x^{(\nu)}$ zuläßt.

1.9 ÜBERBESTIMMTE GLEICHUNGSSYSTEME

Ein Gleichungssystem, das mehr Gleichungen als Unbekannte besitzt, heißt
überbestimmt. Solche Systeme treten in der Technik durchaus auf, wie das
folgende einfache Beispiel zeigt:

BEISPIEL.-

Wir betrachten wie in 1.1 das elektrische Netzwerk

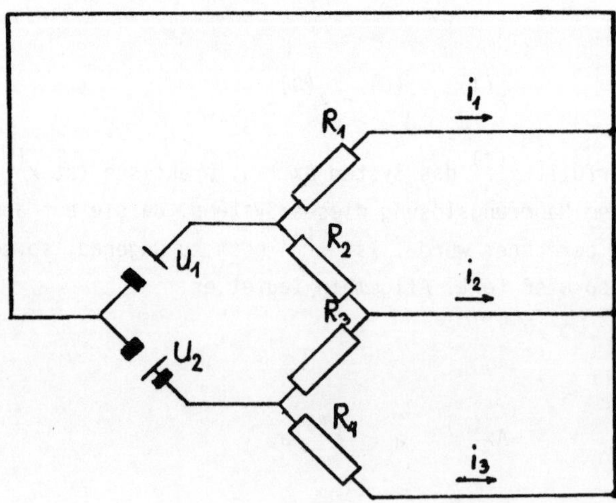

Es gilt

$$\begin{bmatrix} \dfrac{1}{R_1} & 0 \\[2mm] \dfrac{1}{R_2} & \dfrac{1}{R_3} \\[2mm] 0 & \dfrac{1}{R_4} \end{bmatrix} \begin{bmatrix} u_1 \\ u_2 \end{bmatrix} = \begin{bmatrix} i_1 \\ i_2 \\ i_3 \end{bmatrix} \qquad , \text{ d.h. } i = Au.$$

Man nennt A "Leitwertmatrix".

Die drei Ströme i_1, i_2, i_3 werden gemessen, gesucht sind die beiden Spannungen u_1, u_2, die also aus einem überbestimmten Gleichungssystem mit drei Gleichungen bei zwei Unbekannten bestimmt werden müssen.

Ein überbestimmtes Gleichungssystem hat genau dann Lösungen, wenn

$$(1.9-1) \qquad\qquad Rg\ A = Rg(A,a)$$

gilt. Ist A eine $m \times n$-Matrix mit $m>n$, so gilt $Rg\ A \leq n$. Das System hat also höchstens dann Lösungen, wenn von den m Gleichungen m-n <u>überflüssig</u> sind. Für unser Beispiel gilt offenbar

$$u_1 = R_1 i_1, \quad u_2 = R_4 i_3$$

es ist also nur dann - sogar eindeutig - lösbar, wenn

$$\frac{R_1}{R_2}\, i_1 + \frac{R_4}{R_3}\, i_3 = i_2$$

gilt.

Ist (1.9-1) nicht erfüllt, so kann man trotzdem versuchen, das Gleichungssystem näherungsweise zu erfüllen. Dazu kann die sogenannte <u>Fehlerminimierung</u> dienen, der wir uns jetzt zuwenden wollen.

Um das Gleichungssystem $Ax = a$ mit der $m \times n$-Matrix A, dem n-komponentigen Vektor x und dem m-komponentigen Vektor a für $m>n$ möglichst gut zu lösen, kann man fordern

$$(1.9-2) \qquad || Ax-a ||_2^2 = (Ax-a)^T(Ax-a) = \min.$$

Die Unbekannten $x_1,\ldots,x_n$ sollen also so bestimmt werden, daß das Quadrat der euklidischen Vektornorm des <u>Fehlers</u>

$$(1.9-3) \qquad \delta(x) = Ax-a$$

minimal wird. Offenbar wird dann auch $\| \delta(x) \|_2$ selbst minimal. Die $x_1,\ldots,x_n$ müssen dann den Bedingungen

$$(1.9-4) \qquad \frac{\partial}{\partial x_i} || Ax-a ||_2^2 = 0, \quad i = 1,\ldots,n$$

genügen.

Nun gilt

$$|| Ax-a ||_2^2 = \sum_{j=1}^{m} \left(\sum_{k=1}^{n} a_{jk}x_k - a_j \right)^2 := Q(x_1,\ldots,x_n)$$

und somit

$$\frac{1}{2} \frac{\partial Q}{\partial x_i} = \sum_{j=1}^{m} \left(\sum_{k=1}^{n} a_{jk}x_k - a_j \right) a_{ij} = 0, \quad i = 1,\ldots,n.$$

Wir erhalten daher das lineare Gleichungssystem

$$(1.9-5a) \qquad \sum_{j=1}^{m} \sum_{k=1}^{n} a_{ji}a_{jk}x_k = \sum_{j=1}^{m} a_{ji}a_j$$

bzw. in kürzerer Schreibweise

$$(1.9-5b) \qquad A^T Ax = A^T a.$$

Man nennt (1.9-5) das <u>Normalgleichungssystem</u> zum Gleichungssystem Ax = a.
Es läßt sich zeigen, daß $A^T A$ positiv definit ist für RgA = n, und
daß dann die Lösung von (1.9-5) $\|\delta(x)\|_2$ minimiert. Im Prinzip kann das
System, da $A^T A$ symmetrisch und positiv definit ist, mit dem Cholesky-
Verfahren gelöst werden.

Oft ist die Matrix $A^T A$ schlecht konditioniert und ihr kleinster (positi-
ver) Eigenwert liegt sehr nahe bei 0. Es kann somit vorkommen, daß $A^T A$
"numerisch" nicht mehr positiv definit ist, wenn diese Matrix durch Run-
dungen verfälscht wird. Dann ist das Cholesky-Verfahren nur bedingt geeignet zur Lösung der Normalgleichungen, weil diese selbst schon durch
Rundungsfehler verfälscht sind. Praktisch wirkt sich das in der Regel
besonders negativ aus, wenn das Gleichungssystem groß ist. Mathematische
Überlegungen zeigen, daß die Matrix R beim Cholesky-Verfahren dann extrem
schlecht konditioniert sein kann, was zu den genannten numerischen Schwierigkeiten führt.

Es gibt Möglichkeiten, die Lösung des Ausgleichsproblems direkt auf ein
Gleichungssystem der Gestalt Bx = b mit oberer Dreiecksmatrix B zu reduzieren, wobei die Konditioniertheit von B die Wurzel der Konditioniertheit von $A^T A$ ist. Eine von ihnen ist die <u>Householder-Transformation</u>, bei
der die Matrix B die Gestalt hat

$$\begin{bmatrix} B \\ 0 \end{bmatrix} = P_n P_{n-1} \cdot \ldots \cdot P_1 A \ , \ 0 := (m-n) \times n \text{ Nullmatrix}$$

wobei die P_i orthogonale Matrizen sind.

Die lineare Ausgleichsaufgabe

$$\| Ax-b \| = \min_x$$

mit $A \in \mathbb{R}^{m \times n}$, $b \in \mathbb{R}^m$ kann auch so gedeutet werden, daß im linearen
Teilraum des $\mathbb{R}^m$, der von der Menge aller Linearkombinationen der Spalten
von A gebildet wird, dasjenige Element Ax* gesucht ist, das vom festen
Punkt $b \in \mathbb{R}^m$ den kleinsten euklidischen Abstand hat. Dies ist die orthogonale Projektion von b auf diesen Teilraum. Die Konstruktion dieser

orthogonalen Projektion ist besonders einfach, wenn A die folgende Gestalt
hat

$$(1.9-6) \qquad A = \begin{bmatrix} A_1 \\ \hline 0 \end{bmatrix} \quad , \quad \text{wobei } 0(m-n) \times n \text{ Nullmatrix}$$

Dann lautet nämlich die orthogonale Projektion $\begin{bmatrix} b_1 \\ 0 \end{bmatrix}$ wobei b_1 die ersten
n Komponenten von b umfaßt und somit $x^* = A_1^{-1} b_1$. Durch eine orthonormale
Änderung des Koordinatensystems im $\mathbb{R}^m$ kann man die Situation (1.9-6)
stets herstellen. Ein beliebiges orthonormales Koordinatensystem in $\mathbb{R}^m$
ist gegeben durch die m Spalten einer orthonormalen $m \times m$-Matrix Q. Ge-
sucht ist also bei gegebem $A \in \mathbb{R}^{m \times n}$ ein orthonormales $Q \in \mathbb{R}^{m \times m}$ mit

$$(1.9-7) \qquad QA = \begin{bmatrix} A_1 \\ 0 \end{bmatrix}$$

Wir zeigen nun, wie dieses Q konstruktiv gebildet werden kann. Man geht
hierbei wie beim Gauß'schen Algorithmus schrittweise vor. Im ersten
Schritt bestimmt man eine orthonormale Matrix P_1 mit

$$(1.9-8) \qquad P_1 A = \begin{bmatrix} * & * & * \\ 0 & \vdots & \vdots \\ \vdots & \vdots & \vdots \\ 0 & * & * \end{bmatrix}$$

Da hierbei nur die Form der ersten Spalte von $P_1 A$ vorgeschrieben ist, ist
P_1 nur durch die erste Spalte von A bestimmt

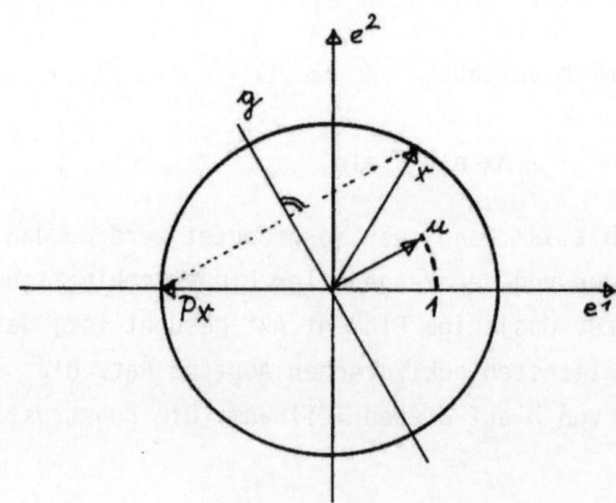

Wir geben hier die Konstruktion für einen beliebigen Vektor $x \neq 0$ an, so daß Px auf die erste Koordinatenachse zu liegen kommt, und zwar ist $Px - \|x\|_2 e^1$ falls $x_1 \geq 0$ und $\|x\|_2 e^1$ für $x_1 < 0$.

$$(1.9\text{-}9a) \qquad P = I - \beta \omega \omega^T$$

mit

$$(1.9\text{-}9b) \qquad \beta = \frac{1}{\|x\|_2 (|x_1| + \|x\|_2)} = \frac{2}{\omega^T \omega}$$

$$(1.9\text{-}9c) \qquad \omega = (\ \delta\ (|x_1| + \|x\|_2),\ x_2,\ldots,x_n)^T$$

$$(1.9\text{-}9d) \qquad \delta = \begin{cases} 1 & \text{für } x_1 \geq 0 \\ -1 & \text{für } x_1 < 0 \end{cases}$$

Anschaulich bewirkt P eine Spiegelung an der Hyperebene mit Normale ω.

BEISPIEL ·⁻

$$x = (8,-5,3,1,-1)^T \qquad \beta = 1/180, \quad \omega = (18,-5,3,1,-1)^T$$

$$Px = x - (1/180)(\omega^T x)\omega = x - \omega = (-10,0,0,0,0)^T$$

Man nennt P aus (1.9-9) die dem Vektor x zugeordnete Householder-Matrix. P_1 in (1.9-8) wird also die der ersten Spalte von A zugeordnete Householder-Matrix. Nun setzt man

$$P_2 = \begin{bmatrix} 1 & 0 \ldots 0 \\ 0 & \\ \vdots & \tilde{P}_2 \\ 0 & \end{bmatrix}$$

wobei $\tilde{P}_2$ die den letzten $m-1$ Komponenten der zweiten Spalte von $P_1 A$ zugeordnete Householder-Matrix ist. Dann wird

$$P_2 P_1 A = \begin{bmatrix} \star & \star & \star & \ldots & \star \\ 0 & \star & & & \vdots \\ \vdots & 0 & & & \vdots \\ \vdots & \vdots & & & \\ 0 & 0 & \star & & \star \end{bmatrix}$$

Allgemein wird

$$P_i = \left(\begin{array}{c|c} I_{i-1} & 0 \\ \hline 0 & \tilde{P}_i \end{array}\right) \qquad I_{i-1} : (i-1)\times(i-1) \text{ Einheitsmatrix}$$

$\tilde{P}_i$ die den letzten $m-i+1$ Komponenten der i^{ten} Spalte von $P_{i-1}\cdots P_1 A$ zugeordnete Householder-Matrix

und so

$$P_n \ \cdots \ P_1 A = \left(\begin{array}{c} R \\ \hline 0 \\ 0 \end{array}\right)$$

d.h. wir erhalten A_1 in (1.9-6) sogar als obere Dreiecksmatrix. Die Matrix Q ist also das Produkt $P_n\cdots P_1$, wird aber ebensowenig wie die Matrizen P_i explizit berechnet. Zum Rechnen benötigt man ja nur die Skalare β und die Vektoren ω , weil man beim spaltenweisen Vorgehen stets in der Form

$$Pa = a - \beta(\omega^T a)\omega$$

rechnet.

Hat man die P's gefunden, so errechnet sich die Lösung der linearen Ausgleichsaufgabe $\| Ax-b \|_2 = \min$, indem man

$$c = P_n\cdots P_1 b$$

berechnet und dann das gestaffelte Gleichungssystem

$$Rx = c_1$$

löst, wobei c_1 der Vektor aus den ersten n Komponenten von c ist.

<u>BEM. 1.8.1-</u>

Man nennt die Zerlegung

$$QA = \left(\begin{array}{c} R \\ \hline 0 \end{array}\right) \qquad 0{:}(m-n)\times n \text{ Nullmatrix, } R{:}n \times n \text{ obere}$$

Dreiecksmatrix die QR - Zerlegung der Matrix A. Die ersten n Spalten von Q^T bilden dabei eine Orthogonalbasis des Bildbereiches von A und die letzten m-n Spalten von Q^T eine Orthogonalbasis des Nullraumes von A^T. Die Zerlegung ist natürlich auch möglich für m = n. Dann entfällt einfach der letzte Schritt. Es ist dann

$$QA = R$$

A eine beliebige n x n-Matrix, d.h. die Berechenbarkeit dieser Zerlegung hängt nicht von der Invertierbarkeit von A ab.

1.10 ITERATIONSVERFAHREN, KONSTRUKTION UND KONVERGENZ

Bei den bisher untersuchten "direkten" Verfahren werden die linearen Gleichungssysteme theoretisch in endlich vielen Rechenschritten gelöst. Praktisch wird man, z.B. wegen schlechter Konditioniertheit der Matrix des Gleichungssystems, jedoch in vielen Fällen eine "Nachverbesserung" durchführen müssen, und diese besteht oft in einem Iterationsprozeß.

Die direkten Verfahren sind in der Regel zur Lösung solcher linearer Gleichungssysteme gut geeignet, deren Matrix gut konditioniert ist, so daß eine Nachverbesserung unterbleiben kann. Die erforderliche Zahl der Rechenoperationen ist dann optimal, wenn man nur Verfahren mit Zeilen- und Spaltenoperationen auf A betrachtet.

Iterationsverfahren sind im allgemeinen auf lineare Gleichungssysteme zugeschnitten, die eine spezielle Struktur besitzen. So gibt es zahlreiche Verfahren zur Lösung von Systemen mit einer schwach besetzten Matrix. Diese kann dann durchaus auch extrem schlecht konditioniert sein, was im wesentlichen bedeutet, daß der kleinste (positive!) Eigenwert "fast" Null ist. Solche Gleichungssysteme treten z.B. bei der numerischen Lösung von Randwertproblemen gewöhnlicher und partieller Differentialgleichungen durch Differenzenverfahren oder die Methode der finiten Elemente auf.

Darüberhinaus sind die meisten Iterationsverfahren im Zusammenhang mit der numerischen Lösung von Randwertproblemen entwickelt worden. Es genügt daher, wenn wir hier das Prinzip der Iterationsverfahren erklären und einige typische Verfahren genauer untersuchen.

Wir wollen uns nun der Frage zuwenden, wie man Iterationsverfahren zur Lösung des linearen Gleichungssystems

$$(1.10-1) \qquad Ax = a$$

erhalten kann.

BEISPIEL.-
Wir betrachten das Federsystem aus 1.2, dessen Energie

$$T = \tfrac{1}{2}K_1 x_1^2 + \tfrac{1}{2}K_2(x_2 - x_1)^2 + \tfrac{1}{2}K_3(x_3 - x_2)^2 + \tfrac{1}{2}K_4 x_3^2 -$$

$$- f_1 x_1 - f_2 x_2 - f_3 x_3 = \tfrac{1}{2}x^T K x - f^T x$$

ist. Das Kräftegleichgewicht wird durch das Gleichungssystem

$$\frac{\partial T}{\partial x_1} = (K_1 + K_2)x_1 - K_2 x_2 \qquad\qquad -f_1 = 0$$

$$(1.10-3) \qquad \frac{\partial T}{\partial x_2} = -K_2 x_1 + (K_2 + K_3)x_2 - K_3 x_3 - f_2 = 0$$

$$\frac{\partial T}{\partial x_3} = \qquad\qquad -K_3 x_2 + (K_3 + K_4)x_3 - f_3 = 0$$

beschrieben, d.h. die potentielle Energie wird minimal, wenn die Auslenkungen x_1, x_2, x_3 diesem Gleichungssystem genügen.
Ausgehend von einer angenommenen festen Auslenkung $x_1^{(0)}, x_2^{(0)}, x_3^{(0)}$ könnten wir versuchen, eine "bessere" Auslenkung zu finden, indem wir

$$x_1^{(1)} = \frac{K_2}{K_1+K_2} x_2^{(0)} + \frac{f_1}{K_1+K_2}$$

$$(1.10\text{-}4) \qquad x_2^{(1)} = \frac{K_2}{K_2+K_3} x_1^{(1)} + \frac{K_3}{K_2+K_3} x_3^{(0)} + \frac{f_2}{K_2+K_3}$$

$$x_3^{(1)} = \frac{K_3}{K_3+K_4} x_2^{(1)} + \frac{f_3}{K_3+K_4}$$

setzen.

Die verbesserten Auslenkungen genügen daher dem Gleichungssystem

$$x_1^{(1)} = \frac{K_2}{K_1+K_2} x_2^{(0)} + \frac{f_1}{K_1+K_2}$$

$$(1.10\text{-}5) \qquad -\frac{K_2}{K_2+K_3} x_1^{(1)} + x_2^{(1)} = \frac{K_3}{K_1+K_2} x_3^{(0)} + \frac{f_2}{K_2+K_3}$$

$$-\frac{K_3}{K_3+K_4} x_2^{(1)} + x_3^{(1)} = \frac{f_3}{K_3+K_4}$$

Bezeichnen wir die Auslenkungen, für welche die potentielle Energie ihr Minimum annimmt, mit x_1^*, x_2^*, x_3^*, so genügen diese dem Gleichungssystem (1.10-3). Subtrahieren wir dieses System von (1.10-5), so folgt nach einfacher Rechnung

$$x_1^{(1)} - x_1^* = \frac{K_2}{K_1+K_2} (x_2^{(0)} - x_2^*)$$

$$x_2^{(1)} - x_2^* = \frac{K_2^2}{(K_1+K_2)(K_2+K_3)} (x_2^{(0)} - x_2^*) + \frac{K_3}{K_2+K_3} (x_3^{(0)} - x_3^*)$$

$$x_3^{(1)} - x_3^* = \frac{K_2^2 K_3}{(K_1+K_2)(K_2+K_3)(K_3+K_4)} (x_2^{(0)} - x_2^*)$$

$$+ \frac{K_3^2}{(K_2+K_3)(K_3+K_4)} (x_3^{(0)} - x_3^*)$$

Sei weiter $p^{(i)} := ||x^{(0)} - x^*||_\infty$, so kann wegen der Darstellung

$$x^{(i)} - x^* = G(x^{(0)} - x^*)$$

und $||G||_\infty < 1$ (die K_i sind positiv!) geschlossen werden

$$p^{(1)} < p^{(0)}.$$

Berechnet man nach dem gleichen Prinzip weitere Näherungen $x_i^{(j)}$, $i=1,2,3$, so folgt natürlich entsprechend, daß

$$p^{(j+1)} < p^{(j)}$$

Die "Iterierten" $x_1^{(j)}, x_2^{(j)}, x_3^{(j)}$ konvergieren daher notwendig für $j \longrightarrow \infty$ gegen die gesuchten Lösungen x_1^*, x_2^*, x_3^*. Das verwendete Iterationsverfahren werden wir in 1.11 allgemeiner als <u>Gauss-Seidel-Verfahren</u> kennenlernen. ∎

Wir wollen uns nun überlegen, wie man Iterationsverfahren zur Lösung von $Ax = a$ konstruieren kann. Dazu ist es in der Regel erforderlich, das System (1.10-1) auf eine Gestalt

$$(1.10\text{-}6a) \qquad x = Gx + g$$

zu bringen. Dabei ist G eine $n \times n$-Matrix und g ein n-komponentiger Vektor, ausführlich lautet (1.10-6) also

$$x_1 = g_{11}x_1 + \cdots + g_{1n}x_n + g_1$$

(1.10-6b)
$$\vdots$$
$$x_n = g_{n1}x_1 + \cdots + g_{nn}x_n + g_1$$

Man nennt (1.10-6) häufig <u>Fixpunktgleichung</u>, was folgenden Grund hat: Durch $y = Gx + g$ wird eine Abbildung der Punkte des $\mathbb{R}^n$ definiert. Jedem Punkt $y \in \mathbb{R}^n$ wird sein Bild $y \in \mathbb{R}^n$ zugeordnet. Fixpunkte der Abbildung sind

dann alle Punkte, die bei der Abbildung <u>fest</u> bleiben, d.h. der Gleichung
x = Gx + g genügen.

Die Überführung von Ax = a in die Fixpunktform x = Gx + g muß natürlich
so erfolgen, daß die Lösung x* von Ax = a auch die eindeutige Lösung
von x=Gx+g ist. Dies ist genau dann der Fall, wenn

$$(1.10\text{-}7) \qquad \det A \neq 0, \ \det(I-G) \neq 0, \ (I-G)A^{-1}a = g$$

gilt, wie man unmittelbar einsieht.

Ausgehend von einer <u>Ausgangsnäherung</u> $x^{(0)}$ versuchen wir dann, weitere verbesserte Näherungen $x^{(k)}$ der exakten Lösung x* zu berechnen, indem wir
das <u>Iterationsverfahren</u>

$$(1.10\text{-}8) \qquad x^{(k+1)} = Gx^{(k)} + g, \quad k = 0,1,2,\ldots$$

verwenden. Das ist natürlich nur dann sinnvoll, wenn das Iterationsverfahren konvergiert, wenn also

$$(1.10\text{-}9) \qquad \lim_{k\to\infty} x^{(k)} = x^*$$

gilt. Dabei ist der Grenzwert komponentenweise zu verstehen, d.h.
(1.10-9) ist gleichwertig mit

$$(1.10\text{-}10) \qquad \lim_{k\to\infty} x_i^{(k)} = x_i^*, \quad i = 1,\ldots,n.$$

Natürlich kann man in der Praxis nicht beliebig viele Iterationen durchführen, so daß die Konvergenzaussage zunächst nur eine Bedingung für
ein vernünftiges Iterationsverfahren darstellt. Die Konvergenz kann dann
immer noch so langsam erfolgen, daß das Iterationsverfahren unbrauchbar
ist.

Für die exakte Lösung von Ax = a gilt x* = Gx* + g, so daß mit (1.10-8)
gilt

$$(1.10\text{-}11) \qquad x^{(k+1)} - x^* = G(x^{(k)} - x^*).$$

Das Iterationsverfahren, seine Eigenschaften, insbesondere seine Konvergenzgeschwindigkeit, werden also allein durch die Matrix G bestimmt.

Die erste Frage ist nun: Welche Eigenschaften von G sichern die Konvergenz des Iterationsverfahrens (1.10-8)? Darüber gilt der folgende grundlegende

SATZ 1.10.1.- Das Iterationsverfahren (1.10-8) ist genau dann konvergent, wenn $\rho(G) < 1$. ∎

Wir erinnern uns, daß der Spektralradius einer Matrix gleich dem betragsmäßig größten Eigenwert ist:

$$\rho(G) := \max_{i=1,\ldots,n} \{|\lambda_i(G)|\} \; .$$

Für die Konvergenz des Iterationsverfahrens (1.10-8) ist $\rho(G) < 1$ also nicht nur hinreichend, sondern auch notwendig, mit anderen Worten, $\rho(G) < 1$ muß für jedes Iterationsverfahren erfüllt sein.

BEISPIEL.- Wir betrachten wieder das Beispiel (1.10-3) und das Iterationsverfahren (1.10-4), wobei wir uns auf $K_1 = K_2 = K_3 = 1$ beschränken. Dann folgt

$$x_1^{(1)} - x_1^* = \frac{1}{2}(x_2^{(0)} - x_2^*)$$

$$x_1^{(2)} - x_2^* = \frac{1}{4}(x_2^{(0)} - x_2^*) + \frac{1}{2}(x_3^{(0)} - x_3^*)$$

$$x_3^{(1)} - x_3^* = \frac{1}{8}(x_2^{(0)} - x_2^* + \frac{1}{4}(x_3^{(0)} - x_3^*)$$

Es ist hier

$$G := \begin{pmatrix} 0 & \frac{1}{2} & 0 \\ 0 & \frac{1}{4} & \frac{1}{2} \\ 0 & \frac{1}{8} & \frac{1}{4} \end{pmatrix}$$

mit den Eigenwerten $\lambda_1 = \lambda_2 = 0, \lambda_3 = \frac{1}{2}$ d.h. $\rho(G) = \frac{1}{2} < 1$. Das Verfahren ist, wie wir oben schon auf andere Art festgestellt haben, konvergent. ∎

1.11 SOR-VERFAHREN

Wir betrachten wieder das Gleichungssystem

$$(1.11-1) \qquad Ax = a$$

und konstruieren wie folgt ein Iterationsverfahren:

Angenommen, wir kennen bereits die Näherungen $x_1^{(k)}, \ldots, x_n^{(k)}$ und auch die $(k+1)$-ten Näherungen $x_1^{(k+1)}, \ldots, x_{i-1}^{(k+1)}$, wobei i eine feste Zahl ist, $1 \le i \le n$. Für $i = 1$ bedeutet dies, daß noch keine $(k+1)$-te Näherung bekannt ist. Wir lösen dann die i-te Gleichung (1.11-1) in der Gestalt

$$(1.11-2) \qquad \sum_{j=1}^{i-1} a_{ij} x_j^{(k+1)} + a_{ii} \bar{x}_i + \sum_{j=i+1}^{n} a_{ij} x_j^{(k)} = a_i$$

nach $\bar{x}_i$ auf und setzen dann mit einem noch zu bestimmenden Parameter $\omega > 0$

$$(1.11-3) \qquad x_i^{(k+1)} = (1-\omega) x_i^{(k)} + \omega \bar{x}_i.$$

Man kann das Verfahren auch in expliziter Form darstellen: Die Auflösung von (1.11-2) nach $\bar{x}_i$ liefert zunächst

$$\bar{x}_i = -\frac{1}{a_{ii}} \left(\sum_{j=1}^{i-1} a_{ij} x_j^{(k+1)} + \sum_{j=i+1}^{n} a_{ij} x_j^{(k)} - a_i \right)$$

und (1.11-3) ergibt dann die Rechenvorschrift

$$(1.11-4) \qquad x_i^{(k+1)} = (1-\omega) x_i^{(k)} - \frac{\omega}{a_{ii}} \left(\sum_{j=1}^{i-1} a_{ij} x_j^{(k+1)} + \sum_{j=i+1}^{n} a_{ij} x_j^{(k)} - a_i \right),$$

$$a_{ii} \neq 0, \quad i = 1, 2, \ldots, n.$$

Den noch zu bestimmten Parameter ω nennt man Relaxationsparameter, das durch (1.11-4) gegebene Iterationsverfahren heißt SOR-Verfahren (SOR= successive Overrelaxation). Von Overrelaxation,übersetzt etwa Überrelaxation, spricht man genauer allerdings nur für $\omega > 1$. Für $\omega = 1$ geht es in das Gauss-Seidel-Verfahren über, das wir schon beim Beispiel in 1.10 verwendet haben.

Bevor wir uns mit der Konvergenz von (1.11-4) befassen, wollen wir zeigen, daß auch dieses Iterationsverfahren aus einer Fixpunktgleichung

$$x = Gx + g \text{ mit } G := G(\omega)$$

gewonnen werden kann. Dazu berechnen wir die Matrix G und den Vektor g.

Die Matrix A kann in

$$(1.11-5) \qquad A = D - L - U$$

zerlegt werden mit

$$
D := \begin{bmatrix} a_{11} & & & \\ & a_{22} & & \mathbf{0} \\ & & \ddots & \\ 0 & & & a_{nn} \end{bmatrix}, \quad
L := \begin{bmatrix} 0 & & & \\ a_{21} & & \mathbf{0} & \\ \vdots & \ddots & & \\ a_{n1} & \cdots & a_{nn-1} & 0 \end{bmatrix},
$$

$$
-U := \begin{bmatrix} 0 & a_{12} & \cdots & a_{1n} \\ \vdots & & \ddots & \vdots \\ & & & a_{1n-1} \\ 0 & & & 0 \end{bmatrix}
$$

Wir setzen generell det $D \neq 0$, d.h. $a_{ii} \neq 0$, voraus. Dann lautet (1.11-4) in Vektor- Matrixform offenbar

$$x^{(k+1)} = (1-\omega)x^{(k)} + \omega D^{-1} L x^{(k+1)} + \omega D^{-1} U x^{(k)} + \omega D^{-1} a$$

und weiter

$$(I-\omega D^{-1}L)x^{(k+1)} = [(1-\omega)I + D^{-1}U)] \, x^{(k)} + \omega D^{-1}a.$$

Multipliziert man beide Seiten von links mit D, so ergibt dies

$$(D-\omega L)x^{(k+1)} = [(1-\omega)D+\omega U]x^{(k)} + \omega a$$

und somit schließlich

$$(1.11-6) \qquad x^{(k+1)} = (D-\omega L)^{-1} [(1-\omega)D+\omega U]x^{(k)}+ \omega(D-\omega L)^{-1}a.$$

Es ist daher

$$(1.11-7) \qquad G(\omega) := (D-\omega L)^{-1} [(1-\omega)D+\omega U] \; , \; g:= \omega(D-\omega L)^{-1}a.$$

Nun ist $D-\omega L$ eine untere Dreiecksmatrix mit den Diagonalelementen a_{ii}, $i=1,\ldots,n$, so daß $\det(D-\omega L) = \det D = a_{11}\cdot\ldots\cdot a_{nn} \neq 0$. Daher kann $G(\omega)$ in der Gestalt (1.11-7) gebildet werden. Für das Gauss-Seidel-Verfahren, d.h. für $\omega = 1$, erhält man

$$(1.11-8) \qquad G := (D-L)^{-1}U, \quad g := (D-L)^{-1}a.$$

Man kann also auch hier aus der Fixpunktgleichung $x = Gx + g$ das SOR-Verfahren in der Gestalt $x^{(k+1)} = Gx^{(k)} + g$ erhalten. Allerdings verwendet man für die praktische Rechnung den Algorithmus in der Form (1.11-4).

Setzt man für diesen $i = 1$, berechnet also $x_1^{(k+1)}$, so stehen auf der rechten Seite von (1.11-4) nur k-te Näherungen $x_2^{(k)},\ldots,x_n^{(k)}$. Für $i=2$ setzt man dann auf der rechten Seite nicht mehr $x_1^{(k)}$ sondern schon den in der Regel besseren Wert $x_1^{(k+1)}$ein, der für $i = 1$ berechnet wurde. So fährt man fort. Man kann mathematisch nachweisen, daß (1.11-4) wesentlich schneller konvergiert als ein analoges Verfahren, bei dem man auf der rechten Seite generell die k-ten Näherungen einsetzt. Voraussetzung ist natürlich, daß beide Verfahren überhaupt konvergieren.

Die Iterationsmatrix G hat gemäß (1.11-7) eine recht komplizierte Struktur und die Konvergenzbedingung $\rho(G) < 1$ ist nicht ohne weiteres zu realisieren. Die wichtigsten Konvergenzkriterien beziehen sich nun nicht auf die Iterationsmatrix G,sondern auf die Matrix A des ursprünglich zu lösenden Gleichungssystems:

SATZ 1.11.-1.-

a) Die Matrix A sei symmetrisch und positiv definit. Dann konver-
geirt das SOR-Verfahren (1.11-4) für $0<\omega<2$.

b) Die Matrix A sei strikt diagonaldominant. Dann konvergiert SOR
für $0<\omega\leq1$. Für die Praxis ist jedoch nur der Fall $\omega\geq1$ interessant.

c) Die Matrix A sei eine M-Matrix. Dann konvergiert SOR für $0<\omega\leq1$.
Für die Praxis ist jedoch nur der Fall $\omega\geq1$ interessant.

Eine Matrix A heißt strikt <u>diagonaldominant</u>,wenn

$$|a_{ii}| > \sum_{\substack{j=1\\j\neq i}}^{n} |a_{ij}|, \quad i=1,\ldots,n$$

gilt. Sie heißt eine <u>M-Matrix</u>, wenn $a_{ij}\leq0$, $i\neq j$, A^{-1} existiert und sämt-
liche Elemente von A^{-1} nicht negativ sind. Dafür ist z.B. hinreichend,
daß $a_{ii}>0$, $a_{ij}\leq0$, $i\neq j$, und A strikt diagonaldominant ist.

In allen drei genannten Fällen konvergiert wegen $\omega = 1$ das Gauss-Seidel-
Verfahren.

Man kann noch weitere Konvergenzkriterien aufstellen, die sich ebenfalls
auf die Matrix A beziehen, so z.B. wenn A <u>irreduzibel</u> ist. Man vergleiche hierzu etwa [1] S. 179 ff.

Das SOR-Verfahren verwendet man zur Lösung von großen und schwach besetzten Gleichungssystemen, deren Matrix z.B. eine Tridiagonal- oder
Block-Tridiagonal-Matrix ist. Solche Systeme entstehen bei der Lösung
von Randwertproblemen mit Differenzenverfahren und der Methode der finiten Elemente. Besonders häufig ist die Matrix A dann symmetrisch und
positiv definit.

Das SOR-Verfahren ist zwar äußerst einfach strukturiert und leicht zu
programmieren, jedoch im allgemeinen langsam konvergent, vor allem bei
sehr großen Gleichungssystemen. Das gilt auch noch, wenn ω so gewählt
wird, daß eine optimale Konvergenzgeschwindigkeit erreicht wird. Damit
werden wir uns gleich weiter unten befassen. Man verwendet daher heute
oft zur Lösung der genannten Gleichungssysteme moderne schnellere Verfahren, etwa die sogenannten <u>schnellen Poisson-Löser</u>, <u>Reduktionsverfahren</u>,
<u>Mehrgitterverfahren</u> u.a. Diese werden aber erst im Zusammenhang mit den
numerisch zu lösenden Randwertproblemen verständlich.

BEISPIEL.-

Es soll das System $Ax = a$ mit

$$
A = \begin{pmatrix}
2 & -1 & & & \\
-1 & 2 & -1 & & 0 \\
& \ddots & \ddots & \ddots & \\
0 & -1 & 2 & -1 \\
& & -1 & 2
\end{pmatrix}
$$

gelöst werden. Die Matrix A ist eine symmetrische Tridiagonalmatrix, man
kann zeigen, daß sie auch positiv definit ist. Also konvergiert nach
Satz 1.11-1 SOR für $0<\omega<2$. Die Iterationsvorschriften lauten nach (1.11-4)

$$
\begin{aligned}
x_1^{(k+1)} &= (1-\omega)x_1^{(k)} - \frac{\omega}{2}(-x_2^{(k)} - a_1) \\
x_i^{(k+1)} &= (1-\omega)x_i^{(k)} - \frac{\omega}{2}(-x_{i-1}^{(k+1)} - x_{i+1}^{(k)} - a_i) \quad i=2,\dots,n-1 \\
x_n^{(k+1)} &= (1-\omega)x_n^{(k)} - \frac{\omega}{2}(-x_{n-1}^{(k+1)} - a_n).
\end{aligned}
$$

Abschließend wollen wir uns die Frage vorlegen, wie der Relaxationsmeter
ω gewählt werden muß, damit SOR möglichst schnell konvergiert. Allgemeinen
kann man zeigen, daß SOR höchstens für $0<\omega<2$ konvergiert, so daß die
Wahl für ω sehr eingeschränkt ist. Wenn A symmetrisch und positiv definit
ist, dann konvergiert nach Satz 1.11-1 SOR für $0<\omega<2$, was in gewisser

Weise eine optimale Aussage darstellt.

In bestimmten, für die Praxis wichtigen Fällen kann man ω optimal wählen, und zwar bei Matrizen A, die "konsistent geordnet" sind. Man nennt A = D-L-U konsistent geordnet, wenn die Eigenwerte der Matrix

$$Q(\alpha) = \alpha D^{-1}L + \frac{1}{\alpha} D^{-1}U$$

von α unabhängig sind.

Konsistent geordnet sind z.B symmetrische und positiv definite Block-Tridiagonal-Matrizen der Getsalt

$$A = \begin{bmatrix} D_1 & H_1 & & & \\ H_1^T & D_2 & H_2 & & 0 \\ & H_2^T & D_3 & H_3 & \\ & & \ddots & \ddots & \ddots \\ 0 & & H_{s-2}^T & D_{s-1} & H_{s-1} \\ & & & H_{s-1}^T & D_s \end{bmatrix}$$

wobei die D_i, i =1,...,s quadratische Diagonalmatrizen sind. Gleichungssysteme solcher Art treten wiederum bei der numerischen Lösung von Randwertproblemen auf.

Die Bestimmung des optimalen _Relaxationsparameters_ ω_b ist möglich, wie weiter unten ersichtlich wird, wenn der Spektralradius $\rho(B)$ der sogenannten "Jacobi-Matrix"

$$(1.11-9) \qquad B = D^{-1}(L+U)$$

bekannt ist oder doch sehr genau geschätzt werden kann. Das bedeutet natürlich eine gewisse Schwierigkeit.

SATZ 1.11-2.- A sei eine symmetrische und positiv definite konsistent geordnete Matrix. Dann ist

$$(1.11\text{-}10) \quad \omega_b = \frac{2}{1 + (1-\rho(B)^2)^{1/2}} = 1 + \left(\frac{\rho(B)}{1 + (1-\rho(B)^2)^{1/2}}\right)^2 .$$

Nach diesem Satz gilt offenbar $\omega_b > 1$, wenn $\rho(B) > 0$. $\rho(B) = 0$ bedeutet aber, daß B die O-Matrix ist, d.h. A = D gilt. Dieser Fall ist aber trivial, das Gleichungssystem ist bereits aufgelöst.

Hat man ω_b berechnet, so interessiert natürlich der Verlauf von $\rho(G(\omega))$, denn man kann nachweisen, daß SOR um so schneller konvergiert, je kleiner $\rho(G(\omega))$ ausfällt. Darüber gilt

SATZ 1.11-3.- Unter den Voraussetzungen von Satz 1.11-2 ist

$$(1.11\text{-}11) \quad \rho(G(\omega)) = \begin{cases} \omega - 1 & \text{für } \omega_b \leq \omega < 2 \\[2ex] \left(\dfrac{\omega\rho(B) + [\omega^2\rho(B)^2 - 4(\omega-1)]^{1/2}}{2}\right)^2 & \text{für } 0 < \omega \leq \omega_b \end{cases}$$

Nach diesem Satz hat die Funktion $\rho(G(\omega))$ etwa den folgenden Verlauf

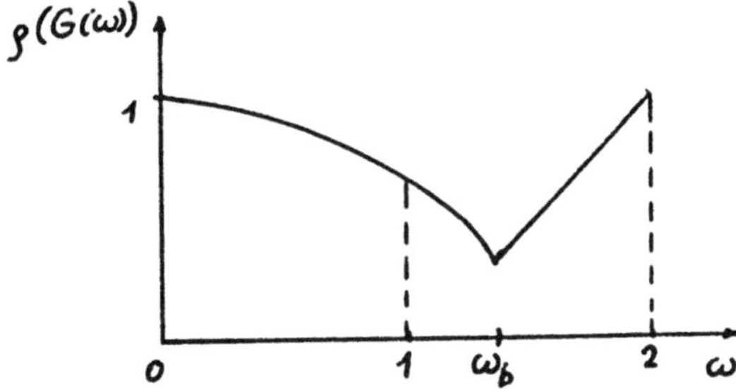

Es ist daher nach (1.11-11) stets $(G(\omega_b)) = \omega_b - 1$. Die folgende Tabelle gibt einige Werte von $\rho(B)$ und die zugehörigen ω_b wieder:

$\rho(B)$	ω_b
0.4	1.044
0.6	1.111
0.8	1.250
0.9	1.393
0.99	1.753
0.999	1.914

Bei den oben genannten praktischen Fällen ist $\rho(B)$ nur wenig kleiner als 1, so daß ω_b in der Nähe von 2 liegt.

BEISPIEL.-

Wir betrachten wieder das Gleichungssystem $Ax = a$ mit der $n \times n$-Matrix

$$A = \begin{pmatrix} 2 & -1 & & & \\ -1 & 2 & -1 & & 0 \\ & \ddots & \ddots & \ddots & \\ 0 & & -1 & 2 & -1 \\ & & & -1 & 2 \end{pmatrix}$$

A ist eine symmetrische und positiv definite Tridiagonalmatrix und daher konsistent geordnet. Als Eigenwerte dieser Matrix berechnet man

$$\lambda_k = 2(1-\cos\frac{k\pi}{n+1}), \quad k = 1,\dots,n.$$

Die zugehörige Jacobi-Matrix ist dann

$$B = D^{-1}(L+U) = \begin{pmatrix} 0 & \frac{1}{2} & & & 0 \\ \frac{1}{2} & 0 & & \ddots & \\ 0 & \frac{1}{2} & 0 & \frac{1}{2} & \\ & & \frac{1}{2} & 0 \end{pmatrix}$$

Bezeichnen wir ihre Eigenwerte mit μ_k, so gilt wegen

$$B = D^{-1}(L+U) = D^{-1}(D-A) = I - D^{-1}A$$

$$\mu_k = 1 - \frac{1}{2}\lambda_k = 1 - (1-\cos\frac{k\pi}{n+1}) = \cos\frac{k\pi}{n+1}$$

und somit

$$\rho(B) = \cos\frac{\pi}{n+1}.$$

Insbesondere erhält man in Abhängigkeit von n

n	$\rho(B)$
100	0.99951628
1000	0.99999507
10000	0.99999995

Das SOR-Verfahren ist sehr empfindlich bezüglich der Wahl von ω . Da es
in den Fällen, in denen das vorgelegte Gleichungssystem keine konsistent
geordnete Matrix besitzt, nicht möglich ist, ω_b genau zu berechnen, kann
man für ω im allgemeinen nur Erfahrungswerte einsetzen.

1.12 WEITERE VERFAHREN

Wie bereits häufiger erwähnt, gibt es eine Anzahl weiterer Iterationsverfahren, die zur schnellen Lösung von FE- oder finite Differenzen-Gleichun-
gen entwickelt wurden. Hier soll nur noch ganz kurz und im wesentlichen
verbal auf zwei Verfahren eingegangen werden, die darüber hinaus gewisse
Bedeutung haben.

Das ADI-Verfahren (alternating direction implicit iteration) ist in vielen
Fällen ein sehr schnelles Verfahren. Es ist anwendbar auf Gleichungssysteme, deren Matrix sich in der Form

$$A = H_0 + V_0 + D_0$$

darstellen läßt, wobei die H_0, V_0, D_0 folgende Eigenschaften haben:

a) Die Matrix D_0 ist eine Diagonalmatrix mit nichtnegativen Elementen

b) Die Matrizen $H_0 + \alpha D_0 + \beta I$ und $V_0 + \alpha D_0 + \beta I$ sind für alle $\alpha \geq 0$ und $\beta > 0$ nichtsingulär

Bei der praktischen Aufstellung der ADI-Verfahren kann man über die Parameter α, β noch verfügen. Ein besonders einfaches aber typisches ADI-Verfahren ist das folgende:

$$(H+\omega I)x^{(k+1/2)} = a - (V-\omega I)x^{(k)}$$

$$(V+\omega I)x^{(k+1)} = a - (H-\omega I)x^{(k+1/2)}.$$

Dabei ist $H := H_0 + \frac{1}{2}D_0$, $V := \frac{1}{2}D_0$. Das Verfahren konvergiert für alle $\omega > 0$. Der Name ADI ist nur im Zusammenhang mit Differenzenverfahren erklärbar. Man vergleiche etwa [ ] S. 185 ff.

Ein viel verwendetes Iterationsverfahren ist die <u>Methode der konjugierten Gradienten</u>, kurz <u>cg-Verfahren</u> genannt. Es wird angewendet auf Systeme mit symmetrischer und positiv definiter Matrix.

Soll die Funktion

$$F(x) := F(x_1,\ldots,x_n) = \frac{1}{2}x^T Ax - a^T x$$

minimiert werden, so muß notwendig

$$\text{grad } F(x) = Ax - a = 0$$

gelten. Um dieses Gleichungssystem zu lösen, kann man also auch äquivalent das Minimum von $F(x)$ bestimmen. Beim Verfahren der konjugierten Gradienten wird dieses Minimum durch Suchen in bezüglich der Matrix A konjugierten Richtungen $p^{(j)}$ bestimmt, es gilt

$$(p^{(j)})^T Ap^{(k)} = 0, \quad k \neq j.$$

Im einzelnen geht man so vor: Angenommen, $x^{(k)}$ als k-te Näherung des gesuchten Minimums und die Richtung $p^{(k)}$ sind bereits bekannt. Dann berechnet
man nacheinander mit $r^{(k)} := a - Ax^{(k)}$

$$\alpha_k := \frac{(r^{(k)})^T r^{(k)}}{(p^{(k)})^T A p^{(k)}}$$

$$x^{(k+1)} := x^{(k)} + \alpha_k p^{(k)}$$

$$r^{(k+1)} := a - Ax^{(k+1)}$$

$$\beta_{k+1} := \frac{(r^{(k+1)})^T r^{(k+1)}}{(r^{(k)})^T r^{(k)}}$$

$$p^{(k+1)} := r^{(k+1)} + \beta_{k+1} p^{(k)}$$

Theoretisch ist das Verfahren ein direktes, praktisch jedoch ein Iterationsverfahren, da sich Rundungsfehler naturgemäß nicht vermeiden lassen und
dadurch die Konjugiertheit der berechneten $p^{(k)}$ verloren geht. Man beginnt
mit einer Näherung $x^{(0)}$ und einer Richtung $p^{(0)} := r^{(0)} := a - Ax^{(0)}$ und
bricht die Rechnung ab, wenn $r^{(k)} := a - Ax^{(k)}$ klein genug ausfällt.

Bezüglich einer auführlichen Darstellung vergleiche man etwa [9] S.211 ff
und die dort angegebene Literatur.

HINWEISE AUF FORTRAN-PROGRAMME

FORTRAN-Unterprogramme zu allen hier beschriebenen Verfahren finden sich
in

IMSL - Library

(International Mathematical and Statistical Libraries, Inc.).
Die Unterprogramme zur Lösung linearer Gleichungssysteme haben die Nummer

LEQT1F, LEQT2F (Voll besetzte Matrizen)
LEQT1P, LEQT2P (Voll besetzte Matrizen, symmetrisch und positiv definit)
LEQ1PB, LEQ2PB (Bandmatrizen, symmetrisch und positiv definit)
LEQ1S , LEQ2S (Symmetrische Matrizen, indefinit).

Weitere Programme zur Lösung linearer Gleichungssysteme findet man in der

NAG FORTRAN Library, Mark 9

unter F04. Zu beziehen bei

Numerical Algorithms Group Limited
NAG Central Office
Mayfield House
256 Banbury Road
Oxford OX 27 DE
United Kingdom

2. MATRIX-EIGENWERTPROBLEME

2.0 EINFÜHRUNGSBEISPIELE

Bei der mathematischen Modellierung von Fragestellungen in Technik und Na-
turwissenschaften, bei denen Schwingungsvorgänge eine Rolle spielen, entstehen sogenannte Eigenwertprobleme. Das ist z.B. der Fall bei der Untersuchung der Schwingungen eines belasteten Balkens, bei der Berechnung der
Erdbebenfestigkeit von Gebäuden, der Schallausbreitung in einem Autoinnen-
raum usw.
In der Regel entsteht zunächst ein Eigenwertproblem für einen Differen-
tialoperator, das dann nach der üblichen Diskretisierung in ein Eigenwertproblem einer Matrix übergeht.

Im folgenden werden wir uns mit der numerischen Lösung solcher Matrizen-
wertprobleme beschäftigen.

2.0.1. BEWEGUNGSGLEICHUNG EINES MECHANISCHEN SYSTEMS MIT ENDLICH VIELEN FREIHEITSGRADEN

Wir betrachten die Anordnung dreier Massenpunkte m_1, m_2 und m_3, die durch
zwei Federn mit den Federkonstanten k_1 und k_2 untereinander und mit Federn mit Federkonstanten k_0 bzw. k_3 an starren Wänden gemäß Abbildung
befestigt sind.

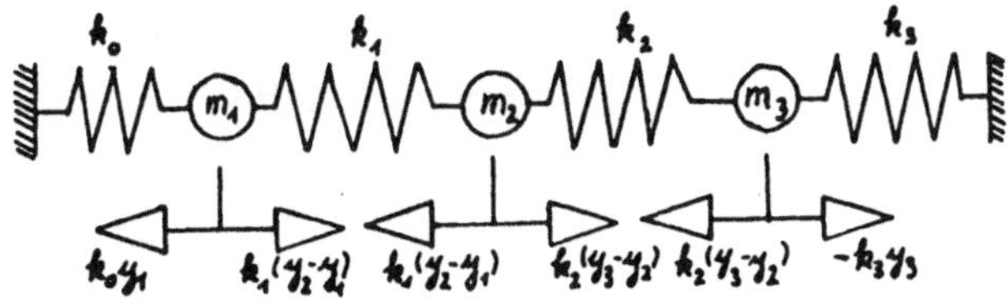

Nach dem zweiten Newton'schen Bewegungsgesetz lauten die Bewegungsgleichungen

$$m_1\ddot{y}_1 = k_1(y_2-y_1) - k_0 y_1$$

(2.0-1)
$$m_2\ddot{y}_2 = k_2(y_3-y_2) - k_1(y_2-y_1)$$

$$m_3\ddot{y}_3 = -k_2(y_3-y_2) - k_3 y_3$$

Der Ruhestand, in dem alle Federn entspannt sind, entspricht den Auslenkungen $y_1 \equiv y_2 \equiv y_3 \equiv 0$. Wir fragen nun nach den Schwingungsformen $y_i(t)$, i=1,2,3, derer das System fähig ist, d.h. nach der allgemeinen Lösung der DGL (2.0-1). Mit Hilfe dieser allgemeinen Lösung kann man bekanntlich bei gegebenen Anfangsauslenkungen $y_1(t_0)$, $y_2(t_0)$, $y_3(t_0)$ und Anfangsgeschwindigkeiten $\dot{y}_1(t_0)$, $\dot{y}_2(t_0)$, $\dot{y}_3(t_0)$ den Bewegungsablauf für $t>t_0$ angeben. Wir machen den Ansatz

$$y_j(t) = c_j e^{i\lambda t} \qquad j = 1,2,3 \ .$$

Dabei bedeutet λ die Frequenz der Schwingung und c_j die Amplitude der Auslenkung y_j. Dies ergibt nach Kürzen durch $e^{i\lambda t}$ das Gleichungssystem

$$-m_1 c_1 \lambda^2 = k_1(c_2-c_1) - k_0 c_1$$

$$-m_2 c_2 \lambda^2 = k_2(c_3-c_2) - k_1(c_2-c_1)$$

$$-m_3 c_3 \lambda^2 = -k_2(c_3-c_2) - k_3 c_3$$

Mit $c := (c_1, c_2, c_3)^T$, $M := \text{diag}(m_1, m_2, m_3)$,

$$K := \begin{bmatrix} k_1+k_0, & -k_1 & \\ -k_1 & , k_1+k_2, & -k_2 \\ 0 & , -k_2 & , k_2+k_3 \end{bmatrix}$$

lautet dieses Gleichungssystem für die Amplituden c_j und die Frequenz λ

$$(2.0\text{-}2) \qquad \lambda^2 Mc = Kc \ .$$

Natürlich suchen wir Lösungen mit $c \neq 0$. Also muß notwendig (homogenes System in c!)

$$(2.0\text{-}3) \qquad \det (\lambda^2 M\text{-}K) = 0$$

sein. Man nennt (2.0-2) die zum Problem gehörende <u>Eigenwert-Eigenvektor-gleichung</u>, $c \neq 0$ <u>Eigenvektor</u> und $\omega = \lambda^2$ <u>Eigenwert</u> des Problems (bzw. des Matrizenpaars (K,M)).
Die für die Existenz einer Lösung $c \neq 0$ notwendige und hinreichende Bedingung (2.0-3) heißt die <u>charakteristische Gleichung</u> des Problems.

2.0.2   SCHWINGUNGSGLEICHUNG EINES BALKENS

Ein Balken der Länge $\ell=1$ sei linksseitig eingespannt, das rechte Ende hingegen sei frei. Die x-Achse falle mit der Balkenachse im Ruhezustand zusammen. Wir fragen nach den Biegeschwingungen, deren der Balken nach einer Auslenkung aus seiner Ruhelage fähig ist. Dabei wollen wir nur sehr kleine Auslenkungen zulassen und den Einfluß der durch die Winkeländerungen auftretenden Schubspannungen und möglicher Drehungen des Balkens, d.h. von Drehbeschleunigungen, vernachlässigen.

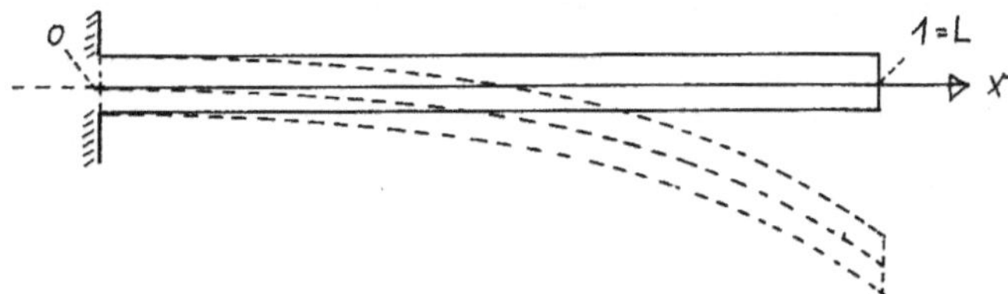

Die Biegegleichung des an der Stelle x durch die differentielle Last p(x) belasteten Balkens lautet dann

$$(IE(x)y'')'' = p \ .$$

Dabei ist IE=Biegesteifigkeit=Flächenträgheitsmoment×Elastizitätsmodul.

Hat der Balken die Dichte ρ und den Flächenquerschnitt F, dann wirkt bei der Auslenkung an der Stelle x die Trägheitskraft $-\rho F\ddot{y}$ als differentielle Last p, d.h. wir erhalten die DGL

$$(IE(x)y'')'' = -\rho F\ddot{y} \quad ,$$

worin nun $y = y(x,t)$ die Auslenkung an der Stelle x zur Zeit t, $(.)'$ die Differentiation nach der Ortsvariablen x und $(.)^\cdot$ die Differentiation nach der Zeitvariablen t bedeuten. Wir machen den Ansatz

$$y(x,t) = v(x) \cos\omega t$$

und erhalten nach Kürzen von $\cos\omega t$ die gewöhnliche DGL

$$(IE(x)v'')'' = \rho F\omega^2 v, \quad 0<x<1 \quad .$$

Hinzu kommen die Randbedingungen

$$v(0) = v'(0) = 0 \qquad \text{(Einspannung links)}$$
$$v''(1)= v'''(1)= 0 \qquad \text{(Stab läuft an seinem freien}$$
$$\text{Ende linear aus).}$$

Gesucht sind Lösungen (ω,v) mit $v \neq 0$. v heißt dann Eigenfunktion und $\lambda=\omega^2$ Eigenwert der DGL. Durch das Prinzip der Diskretisation erhalten wir aus dieser Eigenwertaufgabe für eine DGL wieder ein Matrizeneigenwertproblem.

Zu diesem Zweck führen wir längs der Balkenachse ein Gitter ein:

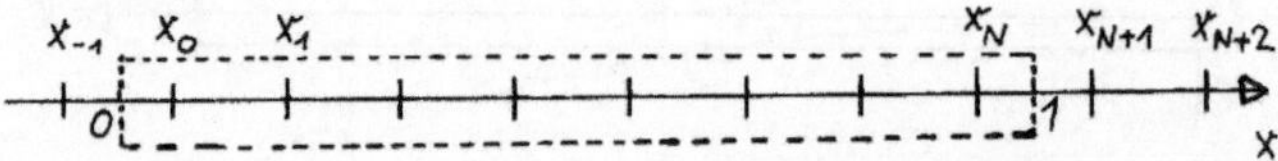

Um die (Rand)bedingungen an die Ableitungen am Rand x=0 bzw. x=1 gut realisieren zu können, wird das äquidistante Gitter um die halbe Schrittweite gegenüber den Balkenenden versetzt, d.h. es wird mit $h := \dfrac{1}{N+1}$

$$x_{-1} := -\frac{h}{2}$$
$$x_i := \frac{h}{2} + ih \qquad\qquad i = 0,\ldots,N+2 \quad .$$

Die "fiktiven" Punkte x_{-1}, x_{N+1} und x_{N+2}, die außerhalb des Balkens liegen, benötigt man, um die Ableitungen am Rand zu diskretisieren. Der Einfachheit halber diskutieren wir den Fall

$$IE = 1, \quad \rho F \equiv 1.$$

In den Gitterpunkten x_i, $i=1,\ldots,N$ ist dann natürlich

$$v^{(4)}(x_i) = \omega^2 v(x_i).$$

Mit Hilfe einer Taylorentwicklung zeigt man leicht, daß die folgenden Ersetzungen von Ableitungen durch entsprechende Differenzenquotienten einen Fehler der Größenordnung h^2 in der Näherungslösung zur Folge haben (v_i^h bezeichnet den Näherungswert für $v(x_i)$, der sich durch die Vernachlässigung der Taylorrestglieder ergibt)

$$v(0) = 0, \ v'(0) = 0 \quad \longmapsto \quad v_0^h = v_{-1}^h = 0$$

$$v''(1) = 0, \ V'''(1) = 0 \quad \longmapsto \quad v_{N-1}^h - 2v_N^h + v_{N+1}^h = 0, \ v_N^h - 2v_{N+1}^h + v_{N+2}^h = 0$$

$$v^{(4)}(x_i) = \omega^2 v(x_i) \quad \longmapsto \quad v_{i-2}^h - 4v_{i-1}^h + 6v_i^h - 4v_{i+1}^h + v_{i+2}^h = \omega^2 h^4 v_i^h.$$

Somit erhalten wir für die Werte v_i^h, $i = -1,\ldots,N+2$ und die Größe

$$\lambda := \omega^2 h^4$$

zunächst folgendes Gleichungssystem:

$$
\begin{pmatrix}
1 & 0 & \ldots & & & & & & \\
0 & 1 & 0 & \ldots & & & & & \\
1 & -4 & 6 & -4 & 1 & 0 & \ldots & & \\
0 & 1 & -4 & 6 & -4 & 1 & 0 & \ldots & \\
& & & & & & & & \\
0 & \ldots & & 0 & 1 & -4 & 6 & -4 & 1 \\
0 & \ldots & & & 0 & 1 & -2 & 1 & 0 \\
0 & \ldots & & & & 0 & 1 & -2 & 1
\end{pmatrix}
\begin{pmatrix}
v_{-1}^h \\
v_0^h \\
\cdot \\
\cdot \\
\cdot \\
\cdot \\
\cdot \\
\cdot \\
v_{N+2}^h
\end{pmatrix}
= \lambda
\begin{pmatrix}
0 \\
0 \\
v_1^h \\
\cdot \\
\cdot \\
\cdot \\
v_N^h \\
0 \\
0
\end{pmatrix}
$$

Wenn man die letzte Gleichung von der drittletzten und die vorletzte von der viertletzten abzieht und das zweifache der vorletzten Gleichung zur drittletzten addiert, ergibt das folgendes System

$$(2.0\text{-}4) \qquad Av^h = \lambda_h v^h$$

mit

$$v^h = (v_1^h, \ldots, v_N^h)^T$$

$$A = \begin{bmatrix} 6 & -4 & 1 & & & & & \\ -4 & 6 & -4 & 1 & & & & \\ 1 & -4 & 6 & -4 & 1 & & & \\ & \ddots & \ddots & \ddots & \ddots & \ddots & & \\ & & 1 & -4 & 6 & -4 & 1 \\ & & & 1 & -4 & 5 & -2 \\ & & & & 1 & -2 & 1 \end{bmatrix} \in \mathbb{R}^{N \times N}$$

und dazu für die Auslenkungen am Rand

$$v_0^h = 0, \quad v_{-1}^h = 0, \quad v_{N+1}^h = 2v_N^h - v_{N-1}^h, \quad v_{N+2}^h = 2v_{N+1}^h - v_N^h \ .$$

Es verbleibt also die Lösung des speziellen Matrix-Eigenwertproblems (2.0-4). Gesucht sind wieder Paare (λ_h, v^h) mit $v^h \neq 0$.

Also muß notwendig

$$\det (A - \lambda_h I) = 0$$

sein. Die Lösungen λ_h dieser Gleichung, die sogenannten Eigenwerte der Matrix A, liefern über den Zusammenhang $\lambda_h = h^4 \omega_h^2$ Näherungen ω_h für die Grundfrequenzen ω der Schwingungen des Balkens und die zugehörigen "Eigenvektoren" v^h beschreiben die zugehörige Schwingungsform. Für N = 3 ergibt sich so trotz der groben Diskretisierung als Näherung für die kleinste Frequenz $\lambda_h = 13.207$ (wahrer Wert $\lambda = 12.359$).

2.1 MATRIZENEIGENWERTPROBLEME - DEFINITION UND GRUNDLEGENDE EIGENSCHAFTEN

DEFINITION 2.2.1.- Sei A eine beliebige n × n-Matrix
(mit reellen oder komplexen Elementen). Falls dann mit
$x \in \mathbb{C}^n \neq 0$ und $\lambda \in \mathbb{C}$ gilt

$$(2.1\text{-}1) \qquad Ax = \lambda x,$$

dann heißt λ Eigenwert von A und x zugehöriger Eigenvektor.
Ist B eine weitere Matrix und

$$(2.1\text{-}2) \qquad Ax = \lambda\, Bx \quad \text{mit } x \neq 0,$$

so heißt λ Eigenwert des verallgemeinerten Eigenwertproblems
(2.1-2) bzw. des Matrizenpaares (A,B) und x zugehöriger
Eigenvektor.

In den Anwendungen spielen vornehmlich allgemeine Eigenwertprobleme der
Form (2.1-2) eine Rolle, wobei allerdings B reell - symmetrisch und positiv definit ist. In diesem Fall besitzt B eine Cholesky-Zerlegung:

$$B = LL^T, \quad L \text{ invertierbare untere Dreiecksmatrix.}$$

Man kann dann die allgemeine Eigenwertaufgabe (2.1-2) leicht auf die spezielle Aufgabe (2.1-1) zurückführen:

$$Ax = \lambda\, Bx = \lambda\, LL^T x \iff L^{-1}Ax = \lambda\, L^T x$$
$$\iff L^{-1}AL^{-T}L^T x = \lambda\, L^T x \iff Cy = \lambda\, y$$

mit

$$C := L^{-1}AL^{-T} , \quad y := L^T x.$$

(Man beachte, daß $x \neq 0$ mit $y \neq 0$ gleichwertig ist.)
Ist hier auch A symmetrisch, dann erhält man ein symmetrisches C. Eigenwertprobleme mit symmetrischen Matrizen sind, wie wir noch sehen werden,
sehr viel leichter nummerisch lösbar als solche mit allgemeiner Matrix.

Darin liegt der Vorteil der hier verwendeten Transformation. Im übrigen
hätte man natürlich bei beliebigem invertierbaren B transformieren können
gemäß

$$Ax = \lambda Bx \quad \Longleftrightarrow \quad B^{-1}Ax = \lambda x.$$

Zur Diskussion der theoretischen Eigenschaften beschränken wir uns im folgenden auf die spezielle Eigenwertaufgabe (2.1-1). Ist B invertierbar, so
lassen sich die entsprechenden Aussagen mit Hilfe der angegebenen Transformation auf die allgemeine Eigenwertaufgabe (2.1-2) übertragen. Ist dagegen B in (2.1-2) singulär, so können neuartige Erscheinungen auftreten,
auf die wir hier aber nicht eingehen können.
Sei also

$$(A-\lambda I)x = 0, \quad x \neq 0.$$

Notwendig und hinreichend für die Existenz eienr Lösung $x \neq 0$ dieses homogenen Gleichungssystems ist die Bedingung

$$(2.1-3) \qquad \det (A-\lambda I) = 0.$$

Aus dem Determinanten-Entwicklungssatz folgt unmittelbar, daß $p(\lambda) :=$
det $(A-\lambda I)$ ein Polynom vom genauen Grad n in λ mit dem Höchstkoeffizienten
$(-1)^n$ ist. Es heißt <u>charakteristisches Polynom</u> von A. Nach dem Fundamen-
talsatz der Algebra hat also das Nullstellenproblem (2.1-3) genau n Lösungen, wenn man die Vielfachheit einer mehrfachen Nullstelle von p (d.h. es
ist $p(\lambda_0) = p'(\lambda_0) = \ldots = p^{(k-1)}(\lambda_0) = 0$, bei Vielfachheit k) jeweils
mitzählt. "Im Prinzip" ist mit dieser Beobachtung ein Lösungsweg für
das Matrizeneigenwertproblem vorgegeben, nämlich die Bestimmung der
Koeffizienten des charakteristischen Polynoms, als erster Schritt. So-
dann die Lösung des Nullstellenproblems für dieses Polynom und abschlies-
send zu gegebenen λ-Werten die Lösung des homogenen Gleichungssystems (2.1-1)
zur Bestimmung eines Eigenvektors (oder eventuell auch mehrerer linear unabhängiger Eigenvektoren zu diesem Eigenwert). Dieser Weg erweist sich aber
in dieser Form nicht als gangbar aus mehreren Gründen. Zum einen ist die
Lösung des Polynom-Nullstellenproblems oftmals schwieriger als die "direkte" Lösung eines Eigenwertproblems, insbesondere bei symmetrischen Matri-

zen. Weiterhin ist der Einfluß von (in der Praxis unvermeidlich auftretenden) Ungenauigkeiten in den Polynom-Koeffizienten auf die Lage der Nullstellen oft sehr viel stärker als der Einfluß gleich großer Ungenauigkeiten in den Matrixkoeffizienten auf die Eigenwerte. Schließlich sind bei
größerem n die Koeffizienten des charakteristischen Polynoms in den Zahl-
bereichen der verfügbaren Rechner überhaupt nicht mehr darstellbar.
Zur Illustration des zweiten Punktes diene das folgende einfache

BEISPIEL 2.1.1.-
Die Matrix

$$A = \begin{bmatrix} 1000 & 1 \\ 1 & 1000 \end{bmatrix}$$

hat die beiden Eigenwerte $\lambda_1 = 1001$, $\lambda_2 = 999$. Ändert man A ab in

$$\tilde{A} = \begin{bmatrix} 1000.001 & 1 \\ 1 & 1000 \end{bmatrix} \quad ,$$

dann ergeben sich als abgeänderte Eigenwerte $\tilde{\lambda}_1 = 1001.0005$, $\tilde{\lambda}_2 = 999.0005$
(korrekt gerundet). Das charakteristische Polynom von A lautet

$$p(\lambda) = \lambda^2 - 2000\lambda + 999999 \ .$$

das von $\tilde{A}$

$$\tilde{p}(\lambda) = \lambda^2 - 2000.001\lambda + 1000000.$$

Die relativen Fehler in den Matrixkoeffizienten, den Polynomkoeffizienten
und den Eigenwerten sind also von der Größenordnung 10^{-6}. Verfälscht man
das Absolutglied von $\tilde{p}$ weiter zu 1000002, also ebenfalls noch mit einem
relativen Fehler von $2 \cdot 10^{-6}$, dann werden die Nullstellen zu

$$\lambda = 1000.0005 \pm i \, 0.99999987 \ ,$$

der relative Fehler ist um den Faktor 10^3 angewachsen!

Für eine spezielle Matrizenklasse ist das Eigenwertproblem unmittelbar lösbar, nämlich für (untere oder obere) Dreiecksmatrizen (und damit natürlich auch Diagonalmatrizen), wie wir uns nun überlegen wollen. Sei also

$$A = \begin{bmatrix} a_{11} & \cdots\cdots & a_{1n} \\ 0 & a_{22} & \vdots \\ 0 & 0 & \ddots & \vdots \\ \vdots & & & \ddots & \vdots \\ 0 & & \cdots\cdots 0 & a_{nn} \end{bmatrix}$$

Dann lautet das charakteristische Polynom

$$\det (A-\lambda I) = \prod_{i=1}^{n} (a_{ii}-\lambda),$$

wie man durch Entwicklung der Determinante nach Spalten unmittelbar einsieht. Es sind also die Diagonalelemente a_{ii} gleich den Eigenwerten.

Sind alle Eigenwerte, also alle Diagonalelemente, verschieden, dann gibt es zu jedem Eigenwert genau einen, bis auf einen Faktor $\neq 0$ bestimmten Eigenvektor

$$x = \alpha \begin{bmatrix} x_1 \\ \vdots \\ x_{i-1} \\ 1 \\ 0 \\ \vdots \\ 0 \end{bmatrix} \qquad \alpha \neq 0,$$

wobei die Komponenten $x_1,\ldots,x_{i-1}$ Lösungen des inhomogenen Gleichungssystems

$$\begin{bmatrix} a_{11}-a_{ii} & , & a_{12}, & \cdots\cdots\cdots & ,a_{1,i-1} \\ 0 & \ddots & a_{22}-a_{ii}, & a_{23},\ldots,a_{2,i-1} \\ \vdots & & \ddots & \vdots \\ 0 & \cdots\cdots\cdots & 0 & ,a_{i-1,i-1}-a_{ii} \end{bmatrix} \begin{bmatrix} x_1 \\ \vdots \\ \vdots \\ x_{i-1} \end{bmatrix} = - \begin{bmatrix} a_{1i} \\ \vdots \\ a_{i-2,i} \\ a_{i-1,i} \end{bmatrix}$$

sind. Dies erkennt man unmittelbar, wenn man (2.1-1) zeilenweise hin-
schreibt.

Sind jedoch mehrere Diagonalelemente gleich, (d.h. es liegt ein mehrfa-
cher Eigenwert vor), dann liegen die Verhältnisse verwickelter.

Wir begnügen uns mit der Diskussion zweier

<u>BEISPIELE 2.1.2.-</u>

a) $\quad A = \begin{bmatrix} 1 & 0 & 1 \\ 0 & 2 & 1 \\ 0 & 0 & 1 \end{bmatrix} \qquad \lambda_1 = \lambda_2 = 1, \ \lambda_3 = 2$

$$(A-\lambda_3 I)x^3 = 0 \iff -x_1^3 + x_3^3 = 0 \iff x^3 = \begin{bmatrix} 0 \\ \alpha \\ 0 \end{bmatrix} \quad \alpha \neq 0 \text{ bel.}$$

$$0x_2^3 + x_3^3 = 0$$

$$- x_3^3 = 0$$

$$(A-\lambda_1 I)x^1 = 0 \iff 0x_1^1 + x_3^1 = 0 \iff x^1 = \begin{bmatrix} \beta \\ 0 \\ 0 \end{bmatrix} \quad \beta \neq 0 \text{ bel.}$$

$$x_2^1 + x_3^1 = 0$$

$$0 \cdot x_3^1 = 0$$

Zum <u>doppelten</u> Eigenwert $\lambda_1 = 1$ gibt es <u>nur einen</u> bis auf einen Faktor eindeutig bestimmten Eigenvektor

b) $\quad A = \begin{bmatrix} 1 & 0 & 1 \\ 0 & 1 & 1 \\ 0 & 0 & 2 \end{bmatrix} \qquad \lambda_1 = \lambda_2 = 1, \ \lambda_3 = 2$

$$(A-\lambda_3 I)x^3 = 0 \iff -x_1^3 + x_3^3 = 0 \iff x^3 = \begin{bmatrix} \alpha \\ \alpha \\ \alpha \end{bmatrix} \quad \alpha \neq 0 \text{ bel.}$$

$$-x_2^3 + x_3^3 = 0$$

$$0 \cdot x_3^3 = 0$$

$$(A-\lambda_1 I)x^1 = 0 \iff \begin{array}{l} 0\cdot x_1^1 + x_3^1 = 0 \\[4pt] 0\cdot x_2^1 + x_3^1 = 0 \\[4pt] 1\cdot x_3^1 = 0 \end{array} \iff x^1 = \begin{pmatrix} \alpha \\ \beta \\ 0 \end{pmatrix} \quad |\alpha^2| + |\beta^2| \neq 0$$

Zum doppelten Eigenwert $\lambda_1 = 1$ gibt es eine zweidimensionale Lösungsmannigfaltigkeit von Eigenvektoren.

Zu jedem Eigenwert gibt es also definitionsgemäß mindestens einen Eigenvektor, genauer eine Eigenrichtung, da ja x aus (2.1-1) höchstens bis auf einen beliebigen Faktor $\neq 0$ bestimmt ist. Zu einem mehrfachen Eigenwert kann es aber mehrere linear unabhängige Eigenvektoren geben. Zur genaueren Beschreibung führt man die folgenden Begriffe ein.

DEFINITION 2.1.2.- Sei $p(\lambda) := \det(A-\lambda I)$ und

$$p(\lambda_0) = \ldots = p^{(k-1)}(\lambda_0) = 0, \quad p^{(k)}(\lambda_0) \neq 0.$$

Dann heißt k die _algebraische Vielfachheit_ von λ_0. Die Menge

$$E_{\lambda_0} := \{x \in \mathbb{C}^n : (A-\lambda_0 I)x = 0\}$$

heißt der zu λ_0 gehörende _Eigenraum_ (ein linearer Teilraum des $\mathbb{C}^n$). Seine Dimension, nach der Theorie der Lösung homogener Gleichungssysteme also die Größe

$$r := n - rg(A-\lambda_0 I)$$

heißt _geometrische Vielfachheit_ von λ_0.

BEISPIEL 2.1.3.-

a)
$$A = \begin{bmatrix} 5 & -2 & -4 \\ -2 & 2 & 2 \\ -4 & 2 & 5 \end{bmatrix}$$

$$p(\lambda) = (5-\lambda)\,((2-\lambda)(5-\lambda)-4) + 2(-2(5-\lambda) + 8)$$
$$-4(-4 + 4\,(2-\lambda))$$

$$= -\lambda^3 + 12\lambda^2 - 21\lambda + 10$$

$$\lambda_1 = 10,\ \lambda_2 = \lambda_3 = 1.$$

Eigenvektor zu $\lambda_1 = 10$

$$\begin{bmatrix} -5 & -2 & -4 \\ -2 & -8 & 2 \\ -4 & 2 & -5 \end{bmatrix} x^1 = 0 \quad ===> \quad x^1 = \alpha \begin{bmatrix} 2 \\ -1 \\ -2 \end{bmatrix} \qquad \alpha \neq 0 \text{ beliebig}$$

Eigenvektoren zu $\lambda_2 = \lambda_3 = 1$

$$\begin{bmatrix} 4 & -2 & -4 \\ -2 & 1 & 2 \\ -4 & 2 & 4 \end{bmatrix} x^2 = 0.$$

Hier ist die zweite Gleichung das $-\frac{1}{2}$ - fache der ersten und die dritte das negative der ersten, wir haben also nur die Bedingung

$$4(x^2)_1 - 2(x^2)_2 - 4(x^2)_3 = 0$$

d.h. es wird mit $|\alpha^2| + |\beta^2| \neq 0$, aber sonst beliebigen α, β

$$x^2 = \begin{bmatrix} \alpha \\ \beta \\ \alpha - \beta/2 \end{bmatrix} .$$

Hier ist also geometrische und algebraische Vielfachheit gleich. Die Gesamtheit aller Eigenvektoren zum Eigenwert 1 beschreibt eine Ebene in $\mathbb{C}^3$.

b)
$$A = \begin{bmatrix} 1 & 2 & -1 \\ -2 & 3 & 1 \\ -3 & 8 & 1 \end{bmatrix}$$

$$p(\lambda) = \lambda^2(5-\lambda)$$

$\lambda = 0$ hat die algebraische Vielfachheit 2.

$A = A-0\cdot I$ hat den Rang 2 und daher

$$x \neq 0, \; Ax = 0 \iff x = \alpha \begin{bmatrix} 5 \\ 1 \\ 7 \end{bmatrix} \quad \text{mit } \alpha \neq 0$$

d.h. die geometrische Vielfachheit ist hier kleiner als die algebraische Vielfachheit.⌉

Die geometrische Vielfachheit eines Eigenwertes ist nach Definition gleich der maximalen Zahl verschiedener, untereinander linear unabhängiger Eigenvektoren, die zu diesem Eigenwert gehören. Es gilt zunächst

SATZ 2.1.1.-

Die geometrische Vielfachheit eines Eigenwertes ist ≥ 1 und höchstens so groß wie seine algebraische Vielfachheit.⌉

Ferner zeigt man leicht

SATZ 2.1.2.-

Eigenvektoren einer Matrix, die zu verschiedenen Eigenwerten gehören, sind stets linear unabhängig.⌉

Als Folgerung ergibt sich

SATZ 2.1.3.-

Gilt für alle Eigenwerte einer Matrix A, daß algebraische und geometrische Vielfachheit übereinstimmen, so gibt es eine invertierbare Matrix T, die A auf dem Wege einer sogenannten Ähnlichkeits-

transformation in die aus den Eigenwerten gebildete Diagonalmatrix
überführt gemäß

$$(2.1\text{-}4) \qquad T^{-1}AT = \text{diag}(\lambda_1,\ldots,\lambda_n).$$

Sind $x^{1,1},\ldots,x^{1,m_1}$ Eigenvektoren zum m_1-fachen Eigenwert λ_1, $x^{2,1},\ldots,x^{2,m_2}$ Eigenvektoren zum m_2-fachen Eigenwert $_2$ usw., dann kann man wählen

$$T = (x^{1,1},\ldots,x^{1,m_1}, x^{2,1},\ldots,x^{s,m_s}),$$

d.h. T wird aus den Eigenvektoren spaltenweise aufgebaut.

<u>BEISPIEL 2.1. 4.-</u>

$$A = \begin{pmatrix} 5 & -2 & -4 \\ -2 & 2 & 2 \\ -4 & 2 & 5 \end{pmatrix} \qquad\qquad T = \begin{pmatrix} 2 & 1 & 0 \\ -1 & 0 & 2 \\ -2 & 1 & -1 \end{pmatrix}$$

$$T^{-1} = \frac{1}{9} \begin{pmatrix} 2 & -1 & -2 \\ 5 & 2 & 4 \\ 1 & 4 & -1 \end{pmatrix}$$

$$T^{-1}A = \frac{1}{9} \begin{pmatrix} 20 & -10 & -20 \\ 5 & 2 & 4 \\ 1 & 4 & -1 \end{pmatrix}$$

$$T^{-1}AT = \frac{1}{9} \begin{pmatrix} 90 & 0 & 0 \\ 0 & 9 & 0 \\ 0 & 0 & 9 \end{pmatrix} = \begin{pmatrix} 10 & 0 & 0 \\ 0 & 1 & 0 \\ 0 & 0 & 1 \end{pmatrix}.$$

DEFINITION 2.1.3.-

Eine n $\times$ n-Matrix A heißt <u>diagonalähnlich</u>,wenn es eine invertierbare Matrix T gibt mit $T^{-1}AT = D$ diagonal.⌐

Nach dem eben hergeleiteten treten bei der Ähnlichkeitstransformation auf
Diagonalgestalt gerade die Eigenwerte auf der Diagonalen auf:

$$T^{-1}AT = D \Longleftrightarrow AT = TD \Longleftrightarrow ATe^i = TDe^i = d_{ii}Te^i, \quad i=1,\ldots,n \quad *)$$

d.h. d_{ii} ist Eigenwert und Te^i ist zugehöriger Eigenvektor von A. Also
gilt sogar schärfer

SATZ 2.1.4.-

Eine Matrix A ist genau dann diagonalähnlich, wenn für jeden
ihrer Eigenwerte algebraische und geometrische Vielfachheit
übereinstimmen.⌐

Für die Anwendungen ist es natürlich nützlich, möglichst große Klassen
von Matrizen von vorneherein als diagonalähnlich zu erkennen.
Aus den Sätzen 2.1.1.-2.1.3. folgt zunächst nur

SATZ 2.1.5.-

Hat die Matrix A n verschiedene Eigenwerte, so ist sie diagonalähnlich.⌐

Im folgenden Abschnitt werden wir sehen, daß auch jede reell-symmetrische
(ja sogar jede hermitesche) Matrix diagonalähnlich ist.

Die Matrix T, die die Transformation (2.1-4) leistet, kann aus Eigenvektoren aufgebaut werden. Natürlich ist T nicht eindeutig bestimmt, da ja
die Wahl der Eigenvektoren nicht eindeutig festgelegt ist. Falls eine
Transformation gemäß (2.1-4) möglich ist, ist die Struktur des Eigenwertproblems dieser Matrix besonders einfach und übersichtlich. In den Anwendungen treten fast nur solche Matrizen auf. Wir werden uns daher in

---

*) e^i bezeichnet den i-ten Koordinateneinheitsvektor

diesem Text nur mit diesem Fall beschäftigen.

Nicht nur die in Satz 2.1.3 speziell konstruierte, sondern jede <u>Ähnlichkeitstransformation</u>

$$A_1 := T^{-1}AT$$

läßt die Eigenwerte unverändert (d.h. A und A_1 haben die gleichen Eigenwerte) wegen

$$\det(T^{-1}AT-\lambda I) = \det(T^{-1}(A-\lambda I)T) = \det(T^{-1})\det(A-\lambda I)\det(T)$$
$$\underset{T^{-1}T}{\overset{"}{}}$$

$$= \det(A-\lambda I)$$

(weil $\det(T^{-1}) = 1/\det(T)$).Die Eigenvektoren verändern sich gemäß $x^i \mapsto Tx^i$, aber die geometrische Vielfachheit bleibt unverändert.

Eine naheliegende Idee zur Lösung des Matrizeneigenwertproblems ist es daher, durch eine Folge von geeignet gewählten Ähnlichkeitstransformationen die Ausgangsmatrix wenigstens approximativ auf Diagonalgestalt (oder auch nur Dreiecksgestalt) zu bringen. Verfahren, die dies für große Klassen von Matrizen tatsächlich leisten, werden wir noch ausführlich kennenlernen. Zum Verständnis der Lösungsverfahren benötigen wir noch die Kenntnis einiger weiterer Begriffe und Grundtatsachen, die wir hier zusammenstellen.

<u>SATZ 2.1.6.-</u> Es sei A eine beliebige diagonalähnliche Matrix mit den Eigenwerten $\lambda_1,\ldots,\lambda_n$. Ferner sei $r(x)=p(x)/q(x)$ eine rationale Funktion und $q(\lambda_i) \neq 0$, $i=1,\ldots,n$. Dann hat die rationale Matrix-Funktion $r(A) := (q(A))^{-1}p(A)$ [*]) die Eigenwerte $r(\lambda_i)$ und die gleichen zugehörigen Eigenvektoren, insbesondere hat

(2.1-5) $\qquad$ $A-\mu I$ $\qquad$ die Eigenwerte $\lambda_i-\mu$

(2.1-6) $\qquad$ $(A-\mu I)^{-1}$ $\qquad$ die Eigenwerte $1/(\lambda_i-\mu)$

Sind insbesondere die Eigenwerte einer Matrix alle reell, so kann man durch die Transformation (2.1-5) bzw. (2.1-6) jeden beliebigen Eigenwert zum betragskleinsten bzw. betragsgrößten Eigenwert der transformierten Matrix machen. Wir werden noch sehen, daß diese Werte bei der numerischen Lösung des Eigenwertproblems eine besondere Rolle spielen. Die Eigenvektoren verändern sich dabei nicht:

$$Ax^i = \lambda_i x^i \iff Ax^i - \mu x^i = (\lambda_i - \mu)x^i \iff (A - \mu I)x^i = (\lambda_i - \mu)x^i$$

$$\iff \frac{1}{\lambda_i - \mu}x^i = (A - \mu I)^{-1}x^i.$$

Ist die Matrix A diagonalähnlich, also mit einer Matrix T aus n linear unabhängigen Eigenvektoren von A

$$T^{-1}AT = \Lambda = diag(\lambda_1, \ldots, \lambda_n),$$

dann wird

$$(2.1-7) \qquad T^{-1}A = \Lambda T^{-1}.$$

Schreiben wir die Matrix T^{-1} als Sytem ihrer <u>Zeilen</u> in der Form

$$T^{-1} = \begin{pmatrix} (y^1)^H \\ \vdots \\ (y^n)^H \end{pmatrix},$$

dann lautet (2.1-7) zeilenweise gelesen

$$(2.1-8) \qquad (y^i)^H A = \lambda_i (y^i)^H \qquad i = 1, \ldots, n.$$

Man nennt deshalb y^i Linkseigenvektor von A zu λ_i und einen Eigenvektor deutlicher Rechtseigenvektor.
Anwendung der Transposition auf die Gleichung (2.1-8) ergibt

---

*) Ist $p(x) = \sum\limits_{i=0}^{n} \alpha_i x^i$, dann $p(A) := \sum\limits_{i=0}^{n} \alpha_i A^i$

$$(2.1\text{-}9) \qquad A^T\bar{y} = \lambda_i \bar{y}^i$$

d.h. das konjugiert Komplexe eines (Rechts)eigenvektors von A^T ergibt einen Linkseigenvektor von A, während die Eigenwerte von A und A^T gleich sind. Schließlich wird aus (2.1-9)

$$(2.1\text{-}10) \qquad A^H y^i = \bar{\lambda}_i y^i$$

d.h. A^H hat die konjugiert Komplexen zu den Eigenwerten von A und deren Linkseigenvektoren zu Rechtseigenvektoren und umgekehrt. Dies liefert

SATZ 2.1.7.- Ist A hermitesch, d.h. $A=A^H$, dann sind alle Eigenwerte reell und Links- und Rechtseigenvektoren fallen zusammen.

Aus unserer obigen Überlegung ergibt sich weiter

SATZ 2.1.8.- Zu einem System von n linear unabhängigen Eigenvektoren $x^1,\ldots,x^n$ einer diagonalähnlichen Matrix A kann man stets ein System von n linear unabhängigen Linkseigenvektoren $y^1,\ldots,y^n$ finden, die bezüglich der x^j biorthonormiert sind, d.h.

$$(y^i)^H x^j = \delta_{ij} = \begin{cases} 0 & i \neq j \\ 1 & i = j \end{cases}$$

2.2 SCHUR'SCHE NORMALFORM
SENSITIVITÄT DES MATRIZENEIGENWERTPROBLEMS

In 2.1 haben wir bereits bemerkt, daß das Matrizeneigenwertproblem für eine Dreiecksmatrix unmittelbar lösbar ist. Wir wollen nun zeigen, daß man zu jeder Matrix eine sogar unitäre Ähnlichkeitstransformation auf obere Dreiecksgestalt systematisch erzeugen kann, wenn man in der Lage ist, jeweils einen Eigenvektor einer Matrix zu bestimmen.

Da der Beweis des folgenden Satzes zugleich das Grundkonzept für den besten universell einsetzbaren Algorithmus zur Lösung des Matrizeneigenwertproblems beschreibt, geben wir ihn hier an.

__SATZ 2.2.1.-__ (Satz von Schur). Zu jeder n × n-Matrix A gibt es eine unitäre Matrix U mit

$$U^H A U = R = \begin{pmatrix} \lambda_1 & {}^{\ast}\cdots{}^{\ast} \\ & \ddots & \vdots \\ 0 & \ddots & {}^{\ast} \\ 0 \cdots 0 & \lambda_n \end{pmatrix}$$

BEWEIS .-

Sei x^1 ein Eigenvektor von A zum Eigenwert λ_1

$$A x^1 = \lambda_1 x^1.$$

Wir können o.B.d.A. annehmen, daß $(x^1)^H x^1 = 1$. Sei P_1 eine Householder-Matrix, die x^1 in ein Vielfaches des ersten Koordinateneinheitsvektors überführt (P_1 ist nach Konstruktion hermitesch und unitär, also auch involutorisch: $P_1^2 = I$). Also

$$P_1 x^1 = \exp(i\theta) e^1.$$

Dann wird (wegen $P_1 = P_1^H$)

$$P_1^H A P_1 e^1 = P_1 A(\exp(-i\theta) x^1) =$$

$$= \exp(-i\theta) P_1 A x^1 = \exp(-i\theta) P_1 (\lambda_1 x^1) =$$

$$= \lambda_1 \exp(-i\theta) \exp(i\theta) e^1 = \lambda_1 e^1 .$$

Also hat

$$A_1 := P_1^H A P_1 = P_1 A P_1$$

folgende Gestalt (beachte, daß $A_1 e^1$ die erste Spalte von A_1 ist).

$$A_1 = \begin{bmatrix} \lambda_1 & * & \cdots\cdots & * \\ 0 & a_{22}^{(1)} & \cdots & a_{2n}^{(1)} \\ \vdots & \vdots & & \vdots \\ 0 & a_{n2}^{(1)} & \cdots & a_{nn}^{(1)} \end{bmatrix} = \left[\begin{array}{c|c} \lambda_1 & b_1^H \\ \hline 0 & \tilde{A}_1 \end{array}\right] \left.\vphantom{\begin{array}{c}a\\a\end{array}}\right\}\ n-1$$

$$\underbrace{}_{n-1}$$

Da A_1 und A ähnlich sind, sind die n-1 übrigen Eigenwerte von A mit denen von $\tilde{A}_1$ identisch, denn

$$\det(A_1 - \lambda I) = (\lambda_1 - \lambda)\, \det(\tilde{A}_1 - \lambda I).$$

Sei nun $\tilde{x}^2$ ein Eigenvektor von $\tilde{A}_1$ zum Eigenwert λ_2 (von $\tilde{A}_1$ und damit auch von A), also

$$\tilde{A}_1 \tilde{x}^2 = \lambda_2 \tilde{x}^2 \qquad\qquad (\tilde{x}^2 \in \mathbb{C}^{n-1}).$$

Dann verfahren wir analog wie eben bei A:

$$\tilde{P}_2 \tilde{x}^2 = \exp(i\theta_2)\tilde{e}^1 \qquad\qquad (\tilde{e}^1 \text{ erster Koordinatenein-}$$
$$\text{heitsvektor in } \mathbb{C}^{n-1})$$

$$\tilde{P}_2 \tilde{A}_1 \tilde{P}_2 = \left[\begin{array}{c|c} \lambda_2 & b_2^H \\ \hline 0 & \\ \vdots & \tilde{A}_2 \\ 0 & \end{array}\right]$$

Aber mit

$$P_2 := \left[\begin{array}{c|c} 1 & 0 \cdots 0 \\ \hline 0 & \\ \vdots & \tilde{P}_2 \\ 0 & \end{array}\right]$$

wird

$$P_2 P_1 A P_1 P_2 = P_2 A_1 P_2 = \begin{bmatrix} 1 & 0 \\ \hline 0 & \breve{P}_2 \end{bmatrix} \begin{bmatrix} \lambda_1 & b^H \\ \hline 0 & \tilde{A}_1 \end{bmatrix} \begin{bmatrix} \lambda_1 & 0 \\ \hline 0 & \breve{P}_2 \end{bmatrix}$$

$$= \begin{bmatrix} \lambda_1 & b_1^H \\ \hline 0 & \breve{P}_2 \tilde{A}_1 \breve{P}_2 \end{bmatrix} = \begin{bmatrix} \lambda_1 & b_1^H \\ \hline 0 & \begin{array}{c|c} \lambda_2 & b_2^H \\ \hline 0 & \tilde{A}_2 \end{array} \end{bmatrix} \ .$$

Nach insgesamt n-1 solchen Schritten wird also

$$P_{n-1} \ \cdots \ P_1 A P_1 \ \cdots \ P_{n-1} = \begin{bmatrix} \lambda_1 & * & \cdots & * \\ & \ddots & & \vdots \\ & & \ddots & * \\ 0 & & & \lambda_n \end{bmatrix} \ ,$$

und da $P_{n-1} \ \cdots \ P_1 = (P_1 \ \cdots \ P_{n-1})^{-1} = (P_1 \ \cdots \ P_{n-1})^H$ als Produkt unitärer Matrizen unitär ist, folgt die Behauptung. ⌐

<u>Zusatz zu Satz 2.2.1.</u>- Eine hermitesche Matrix kann durch eine unitäre (im reell-symmetrischen Fall orthonormale) Ähnlichkeitstransformation auf Diagonalgestalt gebracht werden.
<u>Beweis:</u> Mit A ist auch $U^H A U = R$ hermitesch! ⌐

Das Resultat dieses Satzes können wir sogleich zur Konzeption eines Algorithmus' zur iterativen Überführung einer "beliebigen" Matrix auf obere Dreiecksgestalt mittels unitärer Ähnlichkeitstransformation benutzen:

Wir nehmen an, ein Verfahren zur <u>angenäherten</u> Berechnung eines Eigenvektors sei bekannt und $\tilde{x}$ eine damit berechnete Eigenvektor-Näherung. Dann wird für einen geeigneten Wert von λ (der zunächst noch unbekannt ist) das Resultat der "Einsetzprobe"

$$d := Ax - \lambda x$$

"klein". Ist nun P eine zu $\tilde{x}$ passende Householder-Matrix, d.h.

$$P\tilde{x} = \exp(i\theta)\, e^1, \qquad (\text{o.B.d.A. } \|\tilde{x}\|_2 = 1)$$

wobei man ja P konstruktiv leicht angeben kann, dann wird

$$PAPe^1 = PA\,(\exp(-i\theta)\tilde{x}) = P(\exp(-i\theta)(d+\lambda\tilde{x}))$$
$$= \exp(-i\theta)Pd + \lambda e^1.$$

Mit d ist auch Pd klein (man beachte $\|P\|_2 = 1$), d.h. es wird

$$PAP = \begin{bmatrix} a^{(1)}_{11} \cdots a^{(1)}_{12} \cdots a^{(1)}_{1n} \\ \varepsilon_2 \\ \vdots \\ \varepsilon_n \quad\quad a^{(1)}_{n2} \quad a^{(1)}_{nn} \end{bmatrix} = \left[\begin{array}{c|c} a^{(1)}_{11} & a^{(1)}_{12} \cdots a^{(1)}_{1n} \\ \hline \varepsilon_2 & \\ \vdots & \tilde{A}_1 \\ \varepsilon_n & \end{array}\right]$$

worin in die ε_i kleine Zahlen bedeuten (entsprechend der Ungenauigkeit in $\tilde{x}$), d.h. wir könnten nehmen

$$\lambda \approx a^{(1)}_{11} = (e^1)^T PAPe^1 = \tilde{x}^H A\tilde{x}$$

und das Vorgehen unter Vernachlässigung der $\varepsilon_2,\ldots,\varepsilon_n$ nun an der Untermatrix $\tilde{A}_1$ wiederholen, wie wir das ja auch im Beweis von Satz 2.1.1 geschildert haben. Hier sehen wir uns nun mit folgender Problematik konfrontiert: Da wir die Eigenvektornäherung $\tilde{x}$ nicht exakt erhalten können, werden $\varepsilon_2,\ldots,\varepsilon_n$ nicht alle null. Bei rundungsfehlerfrei ausgeführter Transformation stimmen zwar die Eigenwerte von PAP mit denen von A überein, aber die Eigenwerte von $\tilde{A}_1$ stimmen nur noch näherungsweise mit den $n-1$ übrigen Eigenwerten von A überein. Wie stark kann nun die Vernachlässigung der ε_i diese Eigenwerte verfälschen?

Die Vernachlässigung von $\epsilon_2,\ldots,\epsilon_n$ entspricht dem Übergang von A auf die gestörte Matrix A+F mit

$$F = -P \begin{bmatrix} 0 \\ \epsilon_2 \\ \vdots \\ \epsilon_n \end{bmatrix} (e^1)^T P \ .$$

Für hermitesches A ist natürlich $a_{1i}^{(i)} = \overline{\epsilon}_i$, $i = 2,\ldots,n$ und man kann auch F hermitesch wählen:

$$F = -P \begin{bmatrix} 0 & \overline{\epsilon}_2 \cdots \overline{\epsilon}_n \\ \epsilon_2 & \\ \vdots & 0 \\ \epsilon_n & \end{bmatrix} P.$$

Dies ist insofern wichtig, als das <u>Sensitivitätsverhalten</u> hermitescher Matrizen bei hermitescher Störung sich wesentlich von dem bei allgemeinen Matrizen unterscheidet. Über den Einfluß einer "kleinen" Störmatrix F auf die Eigenwerte und Eigenvektoren einer gegebenen Matrix A gibt der folgende Satz Auskunft:

<u>SATZ 2.2.2.</u>- Es sei A diagonalähnlich, $T = (x^1,\ldots,x^n)$ ein System von n linear unabhängigen Eigenvektoren, d.h. T invertierbar und

$$Ax^i = \lambda_i x^i \ \|x^i\|_2 = 1, \qquad i = 1,\ldots,n$$

und

$$Y = T^{-1} = \begin{bmatrix} (y^1)^H \\ \vdots \\ (y^n)^H \end{bmatrix}$$

ein dazu gehöriges System biorthonormierter Linkseigenvektoren.

λ_j sei ein einfacher Eigenwert von A.

Ist dann $||F||_2$ hinreichend klein, dann gibt es genau einen einfachen Eigenwert μ_j von A+F mit zugehörigem Eigenvektor z^j mit der Normierung $(e^j)^T(T^{-1}z^j) = 1$ für die gilt:

$$(2.2.-1) \qquad \mu_j = \lambda_j + (y^j)^H F x^j + \mathcal{O}(||F||^2).$$

$$(2.2.-2) \qquad z^j = x^j + \sum_{\substack{i=1 \\ i \neq j}}^{n} \frac{1}{\lambda_i - \lambda_j}((y^j)^H F x^i)x^i + \mathcal{O}(||F||^2).$$

ERLÄUTERUNGEN.-

Der Einfluß der Störung F auf einen isolierten Eigenwert λ_j wird also durch Links- und Rechtseigenvektor zu diesem Eigenwert bestimmt.

$$|\mu_j - \lambda_j| \lesssim ||F||_2 ||x^j||_2 ||y^j||_2.$$

Sei o.B.d.A. $||x^j||_2 = 1$. Dann wird also bei kleinem $||F||_2$ auch die Störung in λ_j klein bleiben, wenn nur $||y^j||$ "klein" ist. Wegen der vorausgesetzten Biorthonormierung ist natürlich

$$||y^j||_2 = ||y^j||_2 ||x^j||_2 \geq |(y^j)^H x^j| = 1$$

Wenn A hermitesch ist, dann wird

$$y^j = x^j, \quad \text{d.h.} \quad ||y^j||_2 = 1,$$

also sind die Eigenwerte einer hermiteschen Matrix gut konditioniert gegen Störungen in der Matrix (wenn man den Fehler als absoluten Fehler mißt). Betragsmäßig sehr kleine Eigenwerte können natürlich einen großen relativen Fehler erhalten, wenn nämlich $|\lambda_j| \lesssim ||F||_2$.
Ist A nicht hermitesch, dann ist der Fall

$$||y^j||_2 \gg 1$$

möglich, nämlich dann, wenn die Matrix T schlecht konditioniert ist bezüglich der Aufgabe der Matrixinversion. In solchen Fällen können schon
kleine Störungen der Matrix die Eigenwerte sehr stark verfälschen.

Bei der Sensitivität der Eigenvektoren kommt noch ein weiterer Effekt da-
zu. Wenn die Eigenwerte schlecht separiert sind, d.h., $1/|\lambda_i - \lambda_j| \gg 1$,
dann sind einzelne Eigenvektoren in der Regel schlecht konditioniert.
Das bedeutet, daß man einen einzelnen Eigenvektor dann unter Umständen
nicht genau bestimmen kann, ohne die Rechengenauigkeit stark zu erhöhen.
In den Anwendungen tritt dies z.B. auf, wenn man die Schwingungsformen
zu den höher frequenten Schwingungen eines Balkens oder einer Platte bestimmen will.

Dies bedeutet jedoch nicht, daß die numerische Bestimmung des vollständigen Eigensystems z.B. einer hermiteschen Matrix mit fast zusammenfal-
lenden Eigenwerten besondere Schwierigkeiten macht. D.h. man kann in der
Regel relativ leicht eine unitäre Matrix $\tilde{T}$ finden mit

$$\tilde{T}^H A \tilde{T} \approx \text{diagonal} \qquad \text{(A hermitesch)}.$$

Aus dieser Relation kann man eben nicht ohne weiteres folgern, daß einzelne Spalten von $\tilde{T}$ gut mit einzelnen Eigenvektoren von A übereinstimmen.

<u>Zusatz zu Satz 2.2.2.</u>- Für eine <u>hermitesche</u> Matrix bleibt bei hermitescher
Störung die Formel (2.2-1) <u>auch bei mehrfachen</u> Eigenwerten erhalten.

<u>BEISPIEL 2.2.1.</u>-

$$\text{a) } A = \begin{bmatrix} 37270, & -22455, & -11385, & 7830 \\ 52776, & -31787, & -16119, & 11070 \\ 70128, & -42246, & -21302, & 14580 \\ 82170, & -49455, & -24885, & 16930 \end{bmatrix}$$

$$\lambda_1 = 1, \lambda_2 = 10, \ \lambda_3 = 100, \ \lambda_4 = 1000.$$

$$T = \begin{pmatrix} 5 & 7 & 6 & 5 \\ 7 & 10 & 8 & 7 \\ 6 & 8 & 10 & 9 \\ 5 & 7 & 9 & 10 \end{pmatrix} \qquad T^{-1} = \begin{pmatrix} 68 & -41 & -17 & 10 \\ -41 & 25 & 10 & -6 \\ -17 & 10 & 5 & -3 \\ 10 & -6 & -3 & 2 \end{pmatrix}$$

Hier wird

$$\|y^1\|_2\|x^1\|_2 = 9.51_{10}2$$

$$\|y^2\|_2\|x^2\|_2 = 8.00_{10}2$$

$$\|y^3\|_2\|x^3\|_2 = 3.45_{10}2$$

$$\|y^4\|_2\|x^4\|_2 = 1.95_{10}2$$

der kleinste Eigenwert $\lambda_1 = 1$ ist also am schlechtesten konditioniert.

Wenn man die Eigenwerte von A mit einem numerisch stabilen Verfahren bestimmt, dann liegen die Effekte der dabei auftretenden Rundungsfehler in der gleichen Größenordnung wie die Effekte von Abänderungen von A im Rahmen der Rechengenauigkeit. Wir nehmen also

$$\|F\|_2 = \epsilon\|A\|_2 .$$

Mit $\epsilon = 2^{-36}$ ergibt sich

$$\|F\|_2 = 2{\cdot}24_{10}-6$$

und damit ($\lambda_i(\epsilon)$ bezeichnet die Eigenwerte von A+F) für $\epsilon = 2^{-36}$

$$|\lambda_1 - \lambda_1(\epsilon)| \leqq 2.13_{10}-3$$

$$|\lambda_2 - \lambda_2(\epsilon)| \leq 1.79_{10}-3$$

$$|\lambda_3 - \lambda_3(\epsilon)| \leqq 7.73_{10}-4$$

$$|\lambda_4 - \lambda_4(\epsilon)| \leq 4.37_{10}-4$$

Als numerisch berechnete Werte ergaben sich in Übereinstimmung mit diesen
Schranken (der kleinste Eigenwert hat tatsächlich den größten absoluten
Fehler!)

$$+1 \quad +9.999998253_\#+002$$

$$+2 \quad +1.000003145_\#+002$$

$$+3 \quad +1.000085360_\#+001$$

$$+4 \quad +9.990104693_\#+001$$

$$\text{b)} \qquad A = \begin{bmatrix} 37270, & -22455000, & -11385 & 7830 \\ 52.776, & -31787, & -16.119, & 11.07 \\ 70128, & -42246000, & -21302, & 145.80 \\ 82170, & -49455000, & -24885, & 16930 \end{bmatrix}$$

Diese Matrix geht aus der in Beispiel a) hervor durch die diagonale Ähnlichkeitstransformation DAD^{-1} mit $D = \mathrm{diag}(1,10^{-3},1,1)$. Sie hat also die
gleichen Eigenwerte und als Eigenvektoren x^i die Spalten von DTD_2, bzw.
die Zeilen von $D_2^{-1}T^{-1}D^{-1}$ als Linkseigenvektoren y^j, wobei D_2 eine weitere
beliebige invertierbare Diagonalmatrix ist. Damit wird

$$||x^1||_2||y^1||_2 = 3.82_{10}5$$

$$||x^2||_2||y^2||_2 = 3.20_{10}5$$

$$||x^3||_2||y^3||_2 = 1.63_{10}5$$

$$||x^4||_2||y^4||_2 = 8.76_{10}4$$

und unter den gleichen Annahmen wie in a)

$$||F||_2 = 1.01_{10}{-3} .$$

Dies ergibt Fehlerschranken, die in der Größenordnung bereits die kleinsten Eigenwerte übertreffen. Die Rundungsfehlereffekte bei der Bestimmung
der Eigenwerte wachsen tatsächlich stark an, man erhält aber immerhin
noch eine korrekte Stelle im kleinsten Eigenwert:

+1	+9.999515087#+002
+2	+1.000461797#+002
+3	+1.003188748#+001
+4	+9.725916272#-001

numerisch berechnete Eigenwerte

BEMERKUNG 2.2.1.-

Um die offensichtlich gefährlichen Auswirkungen einer ungünstigen Skalie-
rung der Matrix auszuschalten (in der Praxis bedeutet dies z.B. eine unge-
schickte Wahl der physikalischen Dimension), sollte man vor der Anwendung
von numerischen Verfahren die Matrix so diagonal skalieren, daß $\|DAD^{-1}\|_2$
(oder eine andere Norm) bezüglich der Wahl von D minimiert wird.
(Ist A hermitesch, dann ist dies bereits mit D=I der Fall!) Man nennt diesen Vorgang "balancing". Vergleiche [46] .

Da das Eigenwertproblem einer symmetrischen Matrix nach den Ergebnissen
dieses Abschnittes so viel angenehmere Eigenschaften besitzt als das einer
allgemeinen Matrix (unitäre Diagonalisierbarkeit, geringe Empfindlichkeit
gegen Störungen), sollte man in der Praxis stets versuchen, Eigenwertprobleme in symmetrischer Form zu erhalten. Dies war z.B. der Grund für
die spezielle Wahl des Gitters und der Approximation der Randableitungen
im Beispiel 2.0.2.

Die Aussage von Satz 2.2.2. hat auch eine unmittelbare praktische Bedeutung für die Durchführung wichtiger Eigenwert-Verfahren.
Wir werden in den folgenden Abschnitten sehen, daß die effiziente Lösung
des Matrizeneigenwertproblems oft mit der Reduktion auf Hessenberg- be-
ziehungsweise Dreibandform beginnt. Nun gibt es Algorithmen, die zwingend
voraussetzen, daß keines der Nebendiagonalelemente einer solchen Matrix
"vernachlässigbar klein" ist. Satz 2.2.2 besagt z.B., daß in einer hermiteschen Dreibandmatrix

$$
T = \begin{bmatrix} \alpha_1 & \bar{\beta}_1 & & & & \\ \beta_1 & \alpha_2 & \bar{\beta}_2 & & 0 & \\ & \beta_2 & \ddots & \ddots & & \\ & & \ddots & \ddots & \bar{\beta}_{n-1} & \\ & 0 & & \beta_{n-1} & \alpha_n & \end{bmatrix}
$$

ein Element β_i bei gegebener Rechengenauigkeit ε jedenfalls dann vernachlässigbar klein ist, wenn

$$(2.2\text{-}3) \qquad |\beta_i| \leq \varepsilon(|\alpha_i| + |\alpha_{i+1}|)(\leq 2\varepsilon\|T\|_2).$$

(Man benutzt die rechte Seite anstelle einer Abschätzung für $\|T\|_2$, weil dadurch in vielen Fällen die kleinen Eigenwerte mit höherer relativer Genauigkeit bestimmbar sind.)

Falls der angegebene Test erfüllt ist für ein i, setzt man

$$\beta_i := 0.$$

Das Eigenwertproblem zerfällt dann in zwei kleinere Eigenwertprobleme, wobei sich auch der notwendige Rechenaufwand vermindert. Der Fehler, der dadurch in den Eigenwerten entsteht, ist höchstens $|\beta_i|$ (!)

2.3 EIGENWERTSCHRANKEN, DER RAYLEIGHQUOTIENT EINER MATRIX UND SEINE EIGENSCHAFTEN

In vielen Fällen benötigen Eigenwertverfahren Anfangsschätzungen für die Lage der Eigenwerte. Zugleich können die hier angegebenen Resultate zu a posteriori Fehlerabschätzungen für Eigenwerte benutzt werden. Die Verfügbarkeit solcher Abschätzungen ist von höchster Wichtigkeit z.B. für das in 2.13 geschilderte Verfahren.

Das elementarste Resultat in dieser Richtung ist

<u>SATZ 2.3.1.-</u> (Kreisesatz von Gerschgorin)

Sei A eine beliebige n×n-Matrix. Dann gilt: Jeder Eigenwert λ von A liegt in der Vereinigungsmenge der n Kreisscheiben

$$(2.3-1) \quad K_i = \{z \in \mathbb{C} : |z-a_{ii}| \leq \sum_{\substack{i \neq j \\ j=1}}^{n} |a_{ij}|\}$$

Bilden genau s dieser Kreisscheiben eine wegzusammenhängende Menge, die von den übrigen n-s getrennt liegt, dann enthält diese Menge genau s Eigenwerte. Sind also die n Kreisscheiben paarweise punktfremd, dann sind alle Eigenwerte von A paarweise verschieden und jede Kreisscheibe erhält genau einen Eigenwert ⌐

<u>BEMERKUNG 2.3.1.-</u>

Durch Anwendung des Satzes auf die Matrizen A und A^T sowie DAD^{-1} mit geeignet gewählter Diagonalmatrix D (die ja alle die gleichen Eigenwerte besitzen) kann in den Anwendungen die Eigenwertabschätzung oft erheblich verfeinert werden. ⌐

BEISPIEL 2.3.1.-

a)
$$A = \begin{pmatrix} -9 & & & & \\ & -2 & & & * \\ & & 1 & & \\ & * & & 4 & \\ & & & & 21 \end{pmatrix}$$

Außerdiagonalelemente betragsmäßig $\leq 1/4$ sonst beliebig

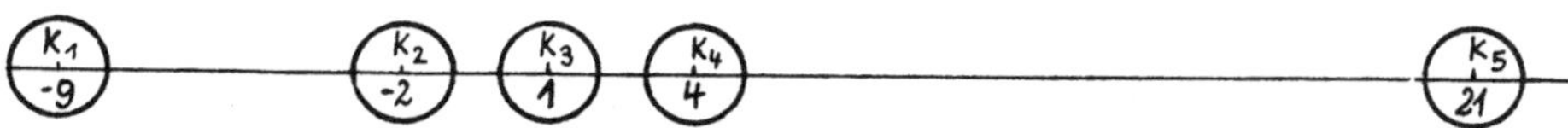

Alle Eigenwerte paarweise verschieden. Betragsdominanter Eigenwert λ_1 erfüllt $20 \leq \lambda_1 \leq 22$. (Alle Eigenwerte sind reell, da bei reeller Matrix sonst notwendig sich mindestens zwei Kreise überlappen müßten.)

b)
$$A = \begin{bmatrix} 1 & 10^{-3} & 10^{-4} \\ 10^{-3} & 2 & 10^{-3} \\ 10^{-4} & 10^{-3} & 3 \end{bmatrix}$$

A symmetrisch. Also sind alle Eigenwerte reell. Satz 2.3.1 liefert Abschätzungen

$$|\lambda_i - i| \leq 2*10^{-3} \qquad i = 1,2,3.$$

Anwendung der drei diagonalen Ähnlichkeitstransformationen $D_i A D_i^{-1}$
$D_1 = \mathrm{diag}(1,100,10)$, $D_2 = \mathrm{diag}(100,1,100)$, $D_3 = \mathrm{diag}(10,100,1)$
ergibt die verbesserte Abschätzung

$$|\lambda_i - i| \leq 2*10^{-5}$$

c)
$$A = \begin{bmatrix} 10 & 1 & -1 \\ 1 & 2 & 0 \\ 1 & 2 & 3 \end{bmatrix}$$

Hat man im Laufe eines Verfahrens zur Lösung des Eigenwertproblems eine invertierbare Matrix T gefunden, die A näherungsweise diagonalisiert, dann kann man aus Satz 2.3.1 eine (in der Regel gute) Abschätzung für die Eigenwerte gewinnen.

$$B := T^{-1}AT, \quad B_0 = \mathrm{diag}(b_{11}, \ldots, b_{nn})$$
$$D := B - B_0.$$

Es ist dann D eine Matrix mit "kleinen" Komponenten und

$$|\lambda_i - b_{ii}| \leq \sum_{j=1}^{n} |d_{ij}| =: \delta_i \qquad i = 1,\ldots,n$$

falls

$$\min_{i \neq j} |b_{ii} - b_{jj}| > \delta_i + \delta_j .$$

(D.h. alle Gerschgorin-Kreise sind paarweise getrennt). Bereits in Abschnitt 2.2 haben wir bemerkt, daß zu einem approximativen Eigenvektor $\tilde{x}$ die Größe

$$R(\tilde{x};A) = \frac{\tilde{x}^H A \tilde{x}}{\tilde{x}^H \tilde{x}}$$

offenbar eine geeignete Näherung für den zugehörigen Eigenwert darstellt. (Dort $\tilde{x}^H \tilde{x} = 1$).
Diese Größe, der sogenannte Rayleigh-Quotient der Matrix, spielt insbesondere in der Theorie und Praxis des Eigenwertproblems hermitescher Matrizen eine große Rolle. Seine wichtigsten Eigenschaften wollen wir nun kennenlernen.

<u>SATZ 2.3.2.-</u> Sei A eine beliebige diagonalisierbare $n \times n$-Matrix und $x \neq 0$ ein Vektor, für den auch $Ax \neq 0$ ist. *) Dann gilt:

(i) Für alle $c \in \mathbb{C}$ ist

$$\| Ax - R(x;A)x \|_2 \leq \| Ax - cx \|_2$$

(ii) Es existiert ein Eigenwert $\lambda_j \neq 0$ von A mit

$$(2.3-2) \qquad \left| \frac{\lambda_j - R(x;A)}{\lambda_j} \right| \leq \frac{\| Ax - R(x;A)x \|_2}{\| Ax \|_2} \, \| U \|_2 \| U^{-1} \|_2$$

wobei $U = (u^1,\ldots,u^n)$ ein vollständiges Eigenvektorsystem von A ist.

---

*) Ist $x \neq 0$, aber $Ax = 0$, dann ist natürlich $\lambda = 0$ Eigenwert, x zugehöriger Eigenvektor und $R(x;A) = 0 = \lambda$.

Insbesondere für hermitesches A ist $|U\|_2|U^{-1}|_2 = 1$ wählbar, d.h. in (2.3-2) liegt eine _berechenbare_ Schranke für den _relativen_ Fehler in der Eigenwertnäherung vor.

In gewisser Weise stellt also der Rayleighquotient eine optimale Schätzung für einen Eigenwert dar, der der "Eigenvektornäherung" x zugeordnet werden kann. Diese Eigenvektornäherung braucht hier natürlich nicht irgendwie "genau" zu sein. Ist aber x tatsächlich eine gute Eigenvektornäherung, dann ist R(x;A) eine noch viel bessere Eigenwertnäherung, wie der folgende Satz zeigt:

<u>SATZ 2.3.3.</u>- Es sei A eine hermitesche Matrix und $(x^1,\ldots,x^n)$ ein vollständiges unitäres Eigenvektorsystem von A. Ferner sei $\tilde{x}$ eine Näherung für x^j mit

$$\tilde{x}^h\tilde{x} = 1 \quad \text{und} \quad \tilde{x} = x^j + \sum_{k=1}^{n} \varepsilon_k x^k \ , \quad |\varepsilon_k| \leqq \varepsilon(\forall k)$$

Dann gilt

$$(2.3.-3) \quad |R(\tilde{x};A) - \lambda_j| \leqq \sum_{\substack{i=1 \\ j \neq i}}^{n} |\lambda_i - \lambda_j| \, |\varepsilon_i|^2 \leqq 2(n-1) \, \|A\|_E \varepsilon^2$$

d.h. der Fehler in der durch den Rayleighquotienten definierten Eigenwertnäherung ist quadratisch klein in den Fehlern der benutzten Eigenvektornäherung.

Die hier demonstrierte Eigenschaft des Rayleighquotienten wird bei einigen besonders effektiven Verfahren zur Eigenwertbestimmung unmittelbar ausgenutzt. Um Satz 2.3.3 auf eine beliebige diagonalähnliche Matrix zu übertragen, müßte man den verallgemeinerten Rayleighquotienten $R(x,y;A) := y^H A x / y^H x$ benutzen, wo y für eine Linkseigenvektor- und x für eine (Rechts-)Eigenvektornäherung steht.

BEISPIEL 2.3.2.-

$$A = \begin{bmatrix} 5 & -2 & -4 \\ -2 & 2 & 2 \\ -4 & 2 & 5 \end{bmatrix} \qquad \lambda_1 = 10, \ x^1 = \frac{1}{3}\begin{bmatrix} 2 \\ -1 \\ -2 \end{bmatrix}$$

$$\tilde{x} = \begin{bmatrix} 0.6675 \\ -0.333 \\ -0.666 \end{bmatrix} \qquad \|\tilde{x}-x^1\|_2 = 1.12_{10}{-3}$$

$$R(\tilde{x};A) = 0.99999 8875_{10}1 \qquad |R(x;A) -10| = 1.125_{10}{-5}$$

Ebenso von großem theoretischen wie praktischen Interesse sind die Extremaleigenschaften des Rayleighquotienten einer hermiteschen Matrix.

SATZ 2.3.4.- Es sei A eine hermitesche n×n-Matrix mit den Eigenwerten

$$\lambda_1 \geqq \lambda_2 \geqq \cdots \geqq \lambda_n$$

(mit algebraischer Vielfachheit gezählt). V_j bezeichne das System aller j-dimensionalen Teilräume des $\mathbb{C}^n$, $V_0 = \{\{0\}\}$. Es gilt dann

$$(2.3\text{-}4) \quad \lambda_k = \min_{V \in V_{k-1}} \max \{R(x;A): x \neq 0, \ x^H v = 0 \ \text{für alle } v \in V\}$$

$$(2.3\text{-}5) \quad \lambda_{n-k+1} = \max_{V \in V_{k-1}} \min \{R(x;A): x \neq 0, \ x^H v = 0 \ \text{für alle } v \in V\}$$

Beweis siehe z.B. in [8].

Dieser Satz hat eine Fülle wichtiger Folgerungen, z.B. ergibt sich sofort

$$\lambda_1 = \max_{x \neq 0} R(x;A), \quad \lambda_n = \min_{x \neq 0} R(x;A) \qquad (A = A^H).$$

Durch spezielle Wahl der Räume $V \in V_{k-1}$ erhält man leicht

Eigenwertabschätzungen, z.B.

$$(2.3-6) \qquad \lambda_1 \geq \max_i a_{ii} \, , \quad \min_i a_{ii} \geq \lambda_n \qquad (A = A^H)$$

$$(2.3-7) \qquad \lambda_1 \geq \tilde{\lambda}_1 \geq \tilde{\lambda}_k \geq \lambda_n \, , \qquad (A = A^H)$$

wobei $\tilde{\lambda}_1, \tilde{\lambda}_k$ der größte bzw. kleinste Eigenwert von $Q_k^T A Q_k$ sind, mit $Q_k^T Q_k = I$ und $Q_k \in \mathbb{R}^{n \times k}$.

$$(2.3-8) \qquad \lambda_n \geq 0 \Longleftrightarrow A \text{ positiv semidefinit}$$

$$\lambda_n > 0 \Longleftrightarrow A \text{ positiv definit} \qquad (\text{mit } A = A^H)$$

Ferner ergibt sich daraus

<u>SATZ 2.3.5.</u>- Seien A,B n×n hermitesch, $\lambda_1 \geq \dots \geq \lambda_n$ die Eigenwerte von A mit $\mu_1 \geq \dots \geq \mu_n$ die Eigenwerte von B. Dann gilt

$$(2.3-9) \quad |\mu_i - \lambda_i| \leq \rho(B-A). \qquad {}^*)$$

<u>BEISPIEL 2.3.4.</u>-

$$A = \begin{bmatrix} 1 & 10 & 1 \\ 10 & 20 & 0 \\ 1 & 0 & 1 \end{bmatrix} \qquad\qquad Q_2 = \begin{bmatrix} 1 & 0 \\ 0 & 1 \\ 0 & 0 \end{bmatrix}$$

$$Q_2^T A Q_2 = \begin{bmatrix} 1 & 10 \\ 10 & 20 \end{bmatrix}$$

---

*) $\rho(C) = \max \{ |\lambda_i| : \lambda_i \text{ Eigenwert von C} \} = $ "Spektralradius von C".

$$(2.3\text{-}7) \qquad \Longrightarrow\ \lambda_1 \geqq \tilde{\lambda}_1 = \frac{1}{2}\,(21 + \sqrt{320+21^2}\,) = 24.293$$

$$\tilde{\lambda}_2 = \frac{1}{2}\,(21 - \sqrt{320-21^2}\,) = -3.293 \geqq \lambda_3$$

$$\Longrightarrow\ A \text{ indefinit.} \quad \rfloor$$

BEISPIEL 2.3.5.-

$$A = \begin{pmatrix} 4 & 0 & 0.1 \\ 0 & 0.01 & 0.3 \\ 0.1 & 0.3 & 8 \end{pmatrix} \qquad \lambda_1,\lambda_2,\lambda_3 \ \text{unbekannt}$$

$$B = \begin{pmatrix} 4 & 0 & 0 \\ 0 & 0.01 & 0.3 \\ 0 & 0.3 & 8 \end{pmatrix} \qquad \mu_1 = 8.00875,\ \mu_2 = 4,\ \mu_3 = -0.001248$$

$$B - A = \begin{pmatrix} 0 & 0 & -0.1 \\ 0 & 0 & 0 \\ -0.1 & 0 & 0 \end{pmatrix}$$

-0.1 Eigenwert zu $x = (1,0,1)^T$

Satz 2.3.1 $\Longrightarrow \rho(B-A) \leqq 0.1$. Also $\rho(B-A) = 0.1$

$$|\lambda_i - \mu_i| \leqq 0.1 \qquad \rfloor$$

(2.3-9) ist natürlich eine viel stärkere Aussage als (2.2-1), wo "hin-reichend kleines $\|F\|$ " verlangt war und keine Aussage über die genauere Form des $\mathcal{O}$-Terms vorliegt.

2.4 ZU BEHANDELNDE AUFGABEN

In der Praxis tritt das Matrizen-Eigenwertproblem gewöhnlich in einer der
folgenden Formen auf:

1. Man bestimme alle Eigenwerte einer $n \times n$-Matrix.
    Es sind keine Eigenvektoren zu bestimmen.
    n ist hierbei "maßvoll" groß, d.h. heutzutage etwa $n \leq 200$
    (z.B. Analyse elektrischer Netzwerke)

2. Man bestimme alle Eigenwerte und Eigenvektoren einer $n \times n$-Matrix.
    n wie in 1.
    Diese Aufgabe tritt in erster Linie als algorithmische Teilaufgabe
    bei Eigenwertproblemen mit sehr großer Dimension auf.

3. Gesucht sind die p kleinsten oder größten Eigenwerte einer $n \times n$-Matrix.
    mit $n \gg p$.
    Die erste Aufgabe tritt z.B. auf bei der Berechnung energetischer
    Zustände großer Moleküle, die zweite in statistischen Untersuchungen.

4. Gesucht sind die p kleinsten Eigenwerte mit den zugehörigen Eigen-
    vektoren eines allgemeinen Eigenwertproblems $Ax = \lambda Bx$.
    Die Berechnung der Grundschwingungen eines mechanischen Systems mit
    n Freiheitsgeraden bei einer kleinen Auslenkung aus einer Gleichge-
    wichtslage und ebenso die Diskretisierung von Eigenwertproblemen
    bei Differentialgleichungen (Schwingungen kontinuierlicher Modelle)
    führen auf diese Aufgabe.

5. Gesucht sind alle Eigenwerte eines allgemeinen Eigenwertproblems, die
    in einem vorgegebenen Intervall liegen, zusammen mit den zugehörigen
    Eigenvektoren. Diese Aufgabe tritt z.B. auf, wenn man die Stabilität
    von Gebäuden gegenüber Erdbebenstößen untersucht.

Für jede dieser Aufgaben gibt es speziell angepaßte Algorithmen, die wir im folgenden besprechen werden.

2.5 VEKTORITERATION NACH v. MISES UND INVERSE ITERATION NACH WIELANDT

Die Vektoriteration nach v. Mises ist das einfachste aller Verfahren zur Eigenwertbestimmung und wird von gewissen Ausnahmefällen abgesehen in der Praxis nicht angewandt. Dennoch ist das Verständnis dieser Methode grundlegend für viele andere Algorithmen. Das Verfahren beruht auf den folgenden beiden Beobachtungen.

1. Falls A eine Matrix vom Rang 1 ist, d.h.

$$A = uv^H , \quad u \neq 0 \neq v,$$

dann ist für $x \neq 0$ und $y = Ax \neq 0$, $y = \alpha u$ (α geeignet) Eigenvektor von A zum betragsgrößten Eigenwert

$$\lambda = v^H u$$

(d.h. _eine_ Matrixvektormultiplikation liefert Eigenvektor und Eigenwert, Startwert "fast" beliebig).

2. Ist A eine beliebige Matrix mit genau einem betragsdominanten, algebraisch einfachen Eigenwert λ_1 mit zugehörigem Eigenvektor u^1 und Linkseigenvektor v^1, also

$$(v^1)^H A = (v^1)^H \lambda_1, \quad Au^1 = \lambda_1 u^1, \quad |\lambda_1| > |\lambda_2| \geq \ldots \geq |\lambda_n|,$$

dann gilt

$$\left(\frac{1}{\lambda_1} A\right)^k \xrightarrow{k \to \infty} u^1(v^1)^H .$$

(Dies ist einfach zu beweisen, wenn A diagonalähnlich ist.)

<u>Folgerung</u>: Unter den in 2. genannten Voraussetzungen gilt für beliebiges x
mit

$$x = \alpha v^1 + \beta w, \quad (v^1)^H w = 0, \quad \alpha \neq 0$$

(d.h. x besitzt einen Anteil in der Richtung des <u>Linkseigenvektors</u>), daß

$$\left(\frac{1}{\lambda_1} A\right)^k x \xrightarrow[k \to \infty]{} \alpha \|v^1\|_2^2 u^1,$$

also

$$(2.5\text{-}1) \qquad A^k x \approx \lambda_1^k \underbrace{\alpha \|v^1\|_2^2}_{\neq 0} u^1 \qquad \text{für k groß}$$

und für eine geeignet gewählte Komponente j und k groß

$$(2.5\text{-}2) \qquad (A^k x)_j / (A^{k-1} x)_j \approx \lambda_1.$$

Man beachte, daß die Voraussetzungen unter 2. den Fall eines betragsdominanten komplexen Eigenwerts einer reellen Matrix ausschließen, weil ja
dann auch der konjugiert komplexe Eigenwert auftreten müßte.

<u>Beispiel 2.5.1.-</u>

a)
$$A = \begin{pmatrix} 8.41 & -6.09 & 3.19 \\ -6.09 & 4.41 & -2.31 \\ 3.19 & -2.31 & 1.21 \end{pmatrix} \qquad \mathrm{rg}(A) = 1$$

$$x = (1,1,1)^T, \quad u^1 = v^1 = (2.9, -2.1, 1.1)^T, \quad \lambda = 14.03$$
$$y = Ax = (5.51, -3.99, 2.09)^T = 1.9 u^1$$

b)
$$A = \begin{pmatrix} 5 & -2 & -4 \\ -2 & 2 & 2 \\ -4 & 2 & 5 \end{pmatrix}, \quad x = \begin{pmatrix} 1 \\ 0 \\ 0 \end{pmatrix}$$

$$x^k := A^k x$$

x^0	x^1	x^2	x^3	x^4	...	u^1
1	5	45	445	4445...		2
0	-2	-22	-222	-2222...		-1
0	-4	-44	-444	-4444...		-2

$$(x^k)_1/(x^{k-1})_1: \quad 5 \quad\quad 9 \quad\quad 9.\bar{8} \quad\quad 9.98876$$
$$R(x^{k-1};A) \quad : \quad 5 \quad\quad 9.\bar{8} \quad 9.99887 \quad 9.999989$$

Man erkennt am vorausgegangenen Beispiel b), daß es nicht sinnvoll sein
wird, die Folge $A^k x$ als solche zu bilden, weil dann sehr schnell Exponen-
tenüberlauf bzw. -unterlauf eintreten wird, wenn $|\lambda_1| \neq 1$.
Andererseits folgt aus (2.5-1), (2.5-2), daß mit

$$x^k := A^k x = A x^{k-1}$$

gilt:

$$y^k := \frac{x^k}{\|x^k\|} \approx \theta_k u^1 \quad \text{mit} \quad |\theta_k| = 1$$
$$(Ay^k)_j/(y^k)_j \approx \lambda_1.$$

Dies erklärt folgenden Algorithmus : (von Mises-Iteration, Potenzmethode)

Wähle x^0 geeignet (im Sinne von $(v^1)^H x^0 \neq 0$) , $\|x^0\|_2 = 1$.
Für $k = 1,2,3,...$

1. $y^k := A x^{k-1}$
2. $x^k := y^k/\|y^k\|_2$
3. $\rho_k := (x^{k-1})^H y^k$
4. Falls $|\rho_k - \rho_{k-1}| \leq \varepsilon |\rho_k|$ dann Abbruch, $x^k \approx \theta u^1$

($\rho_k = R(x^{k-1};A)$ ist wegen Satz 2.3.2 eine optimale Eigenwertschätzung
und der Quotientenbildung (2.5-2) vorzuziehen)

Bezüglich der Konvergenzgeschwindigkeit der Methode gilt folgendes Resultat:

<u>SATZ 2.5.1.</u>- Es sei A eine beliebige diagonalähnliche Matrix mit Rechts-eigenvektoren $u^1,\dots,u^n$, $\|u^i\|_2 = 1$ und zugehörigen Linkseigenvektoren v^i. Ferner besitze A einen algebraisch einfachen, betragsmäßig dominanten Eigenwert λ_1 :

$$|\lambda_1| > |\lambda_2| \geqq \cdots \geqq |\lambda_n|$$

Dann gilt für die Potenzmethode: Ist $(v^1)^H x^0 \neq 0$ [*], dann

$$(2.5\text{-}3) \quad x^k = \theta_k(u^1 + r^k), \quad |\theta_k| = 1,$$

$$\|r^k\|_2 \leqq 4(n-1)\left|\frac{\lambda_2}{\lambda_1}\right|^k \max_{i=2,\dots,n} \{|(v^i)^H x^0| / |(v^1)^H x^0|\}$$

falls k so groß ist, daß die rechte Seite der letzten Ungleichung $\leqq \frac{1}{2}$ bleibt. Ist A sogar hermitesch, dann gilt für alle k

$$(2.5\text{-}4) \quad x^k = \cos\theta_k u^1 + \sin\theta_k w^k$$

mit

$$\|w^k\|_2 = 1 \quad \text{und} \quad \tan|\theta_k| \leqq \left|\frac{\lambda_2}{\lambda_1}\right| \tan|\theta_{k-1}|$$

Die Konvergenz ist also linear und umso schlechter, je näher $|\lambda_2|$ bei $|\lambda_1|$ liegt.

<u>BEMERKUNG</u> **2.5.1.**-
Konvergenz tritt auch dann noch ein, wenn der betragsdominante Eigenwert algebraische Vielfachheit > 1 hat, sogar bei nicht diagonalähnlichen Matrizen, die Konvergenz ist im letzteren Fall aber extrem langsam (wie $\frac{1}{k} \longrightarrow 0$ für $k \longrightarrow \infty$). Liegen jedoch verschiedene, aber betragsgleiche Eigenwerte vor, dann konvergiert das Verfahren nicht mehr (oszillierendes Verhalten).

---

[*] wenn dies nicht erfüllt ist, sorgen dennoch Rundungsfehler im Lauf der Rechnung dafür, daß x^k einen Anteil in Richtung u^1 erhält.

Beispiel 2.5.2.-

$$A = \begin{bmatrix} 3 & 3 & 2 & 2 \\ -9 & 8 & 0 & -9 \\ 3 & 4 & 1 & 5 \\ 5 & 6 & -2 & 0 \end{bmatrix}$$

$$x^0 = (.5, .5, .5, .5)^T$$

Betragsdominanter Eigenwert
$\lambda_{1,2} = 8 \pm 9i$

k	$R(x^{k-1};A)$
53	7.1202391
54	8.8263542
55	8.58207599
56	7.14233684
57	7.52581399
58	9.04340598
59	8.16772419
60	6.9558114
61	8.06742397
62	9.01705543
63	7.72767423
64	6.98613034
65	8.58915113
66	8.78716033
67	7.32971326
68	7.2613983
69	8.94471673
70	8.42040074
71	7.04366003
72	7.73854704
73	9.06079461
74	7.98736177
75	6.93921079
76	8.29221115
77	8.94428037
78	7.5562491
79	7.06940274
80	8.760536

Typisches Oszillationsverhalten des Rayleighquotienten bei dominantem komplexen Eigenwert

BEMERKUNG 2.5.2.-

Nach Satz 2.5.1 sind unter den dortigen Voraussetzungen für großes k zwei aufeinanderfolgende Eigenvektornäherungen x^k, x^{k-1} fast linear abhängig. Entsprechend kann man zeigen, daß bei zwei betragsgleichen, algebraisch einfachen Eigenwerten für großes k drei aufeinanderfolgende Eigenvektornäherungen x^k, x^{k-1}, x^{k-2} linear fast abhängig werden.

Man kann dann $\alpha_{1,k}$, $\alpha_{2,k}$ aus dem Ausgleichsproblem

$$\| \alpha_{1,k} x^{k-2} + \alpha_{2,k}\, x^{k-1} + x^k \|_2 \overset{!}{=} \min_{\alpha_{1,k},\alpha_{2,k}}$$

bestimmen und gleichzeitig Näherungen für diese beiden Eigenwerte aus den Lösungen der quadratischen Gleichung

$$\lambda^2 + \alpha_{2,k}\lambda + \alpha_{1,k} = 0$$

gewinnen. Bei Beispiel 2.5.1 liefert dies schon für k = 7 den konjugiert komplexen Eigenwert auf sechs Stellen genau.

Der betragskleinste Eigenwert von A ist der betragsgrößte Eigenwert von A^{-1}. Die Potenzmethode für A^{-1} liefert also den betragskleinsten Eigenwert von A, falls die Voraussetzungen von Satz 2.5.1 erfüllt sind. Nun braucht man dabei A^{-1} nicht explizit zu bilden (Inverse Iteration nach Wielandt):

Wähle x^0 geeignet mit $\|x^0\|_2 = 1$.
Für k = 1,2,3,...

1. $Ay^k = x^{k-1}$ <u>(Gleichungssystem lösen)</u>

2. $x^k := y^k / \|y^k\|_2$

3. $\rho_k := (x^{k-1})^H y^k$

4. Falls $|\rho_k - \rho_{k-1}| \leq \epsilon |\rho_k|$ dann Abbruch.

<u>BEISPIEL 2.5.3.-</u>

$$A = \begin{bmatrix} -4 & 10 & 8 \\ 10 & -7 & -2 \\ 8 & -2 & 3 \end{bmatrix} \qquad \left.\begin{array}{l} \lambda_1 = 17.895 \\ \lambda_2 = 0.425 \\ \lambda_3 = 9.470 \end{array}\right\} \quad \text{korrekt gerundet}$$

k	0	1	2	3
x^k	0.577	.494	.379	.374
	0.577	.706	.677	.675
	0.577	-.508	-.631	-.636

$R(x^3;A) = .425$ (korrekt gerundet)

Die Methoden von v. Mises und Wielandt kann man gemäß Satz 2.1.6 mit geeigneten Nullpunktverschiebungen, sogenannten "Shifts", (entspricht dort der Funktionswahl $r(x) = x-\mu$ bzw. $r(x) = 1/(x-\mu)$) kombinieren, entsprechend der nachstehenden Skizze:

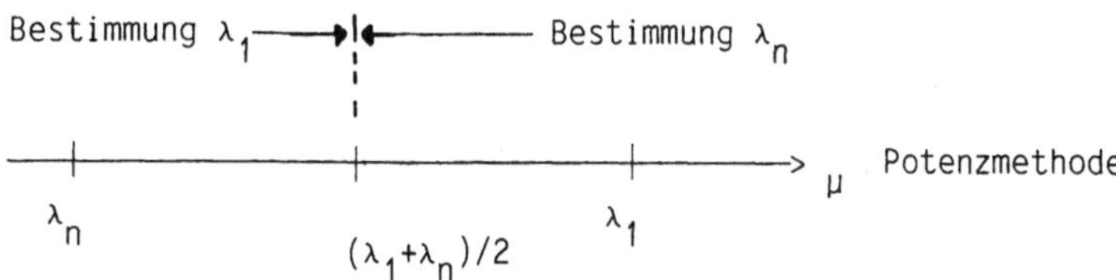

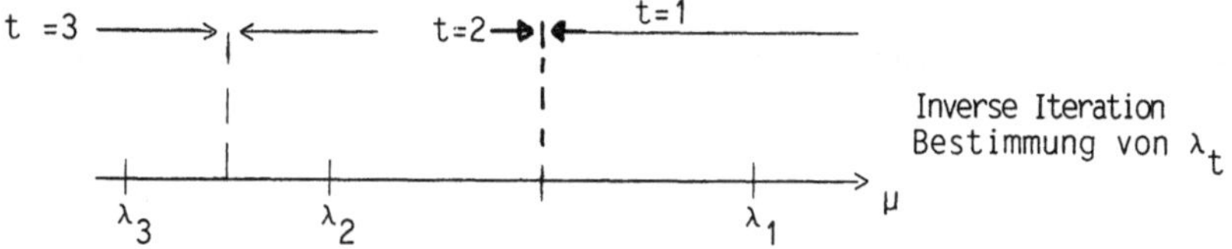

Mit Hilfe der inversen Iteration kann man also durch geeignete Wahl von μ jeden Eigenwert von A finden.

Es ist naheliegend, mit Hilfe der angenäherten Eigenvektoren, die im Laufe der Iteration gebildet werden, verbesserte Shifts μ zu definieren, um so die Konvergenz zu beschleunigen. Bei der Potenzmethode bringt dies nicht viel, bei der inversen Iteration entsteht jedoch ein sehr effizienter Prozeß:

WIELANDTITERATION MIT RAYLEIGH-QUOTIENT-VERSCHIEBUNGEN:

Wähle x^0 mit $\| x^0 \|_2 = 1$. Für $k = 1,2,3,\dots$.

1. $\rho_k := R(x^{k-1};A)$

2. Falls $A-\rho_k I$ singulär ist, löse $(A-\rho_k I)x^k = 0$ mit $\|x^k\|_2 = 1$.
   Andernfalls löse $(A-\rho_k I)y^k = x^{k-1}$.

3. $x^k := y^k / \| y^k \|_2$

4. Falls $\| y^k \| \geq 1/\varepsilon$, dann Abbruch

Erläuterung.-
Die Singularität von $A-\rho_k I$ erkennt man, wenn man das Gleichungssystem
$(A-\rho_k I)y^k = x^{k-1}$ mit dem Gauß'schen Algorithmus und (zumindest) Spaltenpivotsuche   oder mit Hilfe der QR-Zerlegung nach Householder auflöst,
am Verschwinden bzw. Kleinwerden eines Diagonalelementes des rechten Drei-
ecksfaktors R. Ist λ_j der ρ_k am nächsten gelegene Eigenwert und r_{ss} das
betragskleinste Diagonalelement von R im k-ten Schritt, dann gilt mit geeigneten Konstanten C_1, C_2

$$|\lambda_j - \rho_k| \leq C_1 |r_{ss}| \leq C_2 |\lambda_j - \rho_k|.$$

d.h. der Fehler in der Eigenwertnäherung läßt sich aus der Größe von $|r_{ss}|$
größenordnungsmäßig schätzen. Pro Schritt muß man hier eine neue Dreiecks-
oder QR-Zerlegung berechnen. Vom Aufwand her gesehen ist das Vorgehen nur
dann gerchtfertigt, wenn A eine Hessenberg- oder Bandmatrix ist. Wir werden im nächsten Abschnitt zeigen, daß man jede Matrix durch eine unitäre
Ähnlichkeitstransformation auf obere Hessenbergform bringen kann. Dies
wird man daher vor der Anwendung des Wielandtverfahrens mit variablem
Shift immer tun. Im Falle der Konvergenz des Verfahrens gilt $\rho_k \longrightarrow \lambda$, also

$$y^k = (A-\rho_k I)^{-1} x^{k-1} \approx \frac{1}{\lambda-\rho_k} x^{k-1}$$

d.h.

$$\| y^k \| \approx \frac{1}{|\lambda - \rho_k|} \ .$$

Daher die Abfrage im vierten Schritt.

<u>Bemerkung 2.5.3.-</u>
Man könne fürchten, daß durch die zunehmende numerische Singularität von
$A - \rho_k I$ durch Rundungsfehlereinflüsse bei der Auflösung des Gleichungssytems
in Schritt 2 eventuelle Vorteile des Verfahrens verloren gehen, weil y^k
sehr ungenau wird. Tatsächlich wird y^k durch Rundungsfehler sehr stark verfälscht (als Lösung des Gleichungssystems betrachtet), wenn $A - \rho_k I$ fast
singulär wird. Aber der Fehler liegt, wie man beweisen kann, fast aus-
schließlich in der Richtung des gesuchten Eigenvektors, und da im Schritt 3
ohnehin normiert wird, sind die Rundungsfehlereinflüsse also belanglos.

Bezüglich der Konvergenz des Wielandt-Verfahrens mit variablem Shift gilt

<u>SATZ 2.5.2.-</u>   Es sei A eine hermitesche $n \times n$-Matrix. Dann gilt für
das Wielandtverfahren mit Rayleigh-Shift <u>bei beliebigem Startvektor x^0</u>

   (i) Die Folge $\{\rho_k\}$ konvergiert: $\rho_k \longrightarrow \rho$
   (ii) Entweder konvergiert bei geeigneter Normierung von x^k auch die
        Folge $\{\rho_k, x^k\} \longrightarrow (\lambda, z)$ λ Eigenwert und z Eigenvektor und mit
        der Darstellung

$$(2.5\text{-}5) \qquad x^k = z \cos\varphi_k + u^k \sin\varphi_k \quad , \quad \| u^k \|_2 = 1$$

        gilt sogar

$$(2.5\text{-}6) \qquad |\varphi_{k+1}| \leqq C |\varphi_k|^3$$

        (d.h. die Konvergenz ist kubisch)
        oder aber es konvergieren $x^{2k} \longrightarrow x^-$, $x^{2k+1} \longrightarrow x^+$ mit
        $(A - \rho I)(x^+ \pm x^-) = \pm\tau(x^+ \pm x^-), \lambda_+ = \rho + \tau, \lambda_- = \rho - \tau$ Eigenwerte von A

(iii) Die Residuenvektoren konvergieren monoton, d.h. mit

$$d^k = (A-\rho_k I)x^k$$

gilt

$$||d^{k+1}||_2 \leqq ||d^k||_2.$$

Unter Rundungsfehlereinfluß liegt immer die erste Alternative in (ii) vor, daß heißt,man hat ein global und kubisch konvergentes Verfahren! Man kann natürlich das Verfahren auch auf nichthermitesche Matrizen anwenden, hat dann aber keine vergleichbar gute Konvergenzaussagen.

BEISPIEL 2.5.4.-

$$A = \begin{bmatrix} 611 & 196 & -192 & 407 & -8 & -52 & -49 & 29 \\ 196 & 899 & 113 & -192 & -71 & -43 & -8 & -44 \\ -192 & 113 & 889 & 196 & 61 & 49 & 8 & 52 \\ 407 & -192 & 196 & 611 & 8 & 44 & 59 & -23 \\ -8 & -71 & 61 & 8 & 411 & -599 & 208 & 208 \\ -52 & -43 & 49 & 44 & -599 & 411 & 208 & 208 \\ -49 & -8 & 8 & 59 & 208 & 208 & 99 & -911 \\ 29 & -44 & 52 & -23 & 208 & 208 & -911 & 99 \end{bmatrix}$$

Eigenwerte: $\lambda_1 = 10 \sqrt{10405}$, $\lambda_2 = 1020$, $\lambda_3 = 510 + 100 \sqrt{26}$, $\lambda_4 = 1000$,

$\lambda_5 = 1000$, $\lambda_6 = 510-100 \sqrt{26} = 0.0980486...$, $\lambda_7 = 0$, $\lambda_8 = -\lambda_1$

$x^0 = \dfrac{1}{\sqrt{8}} (1,...,1)^T.$

ρ_k	470.5	460.091441	372.489398	164.314694
	.271629656	.304812488	.136130888	.0813525139
	.213124053	.320048457	.0831410384	.123642515
	.460587023	.285495675	.320577119	-.0388554061
x^k	.39536114	.287536099	.254848927	1.03555253E-04
	-.424498398	.501281532	-.561766254	.625633681
	-.429543302	.492196414	-.570489188	.623372603
	-.270432639	.273308862	-.285733782	.314072047
	-.272955091	.268756305	-.290095248	.312941509

ρ_k	7.20286769	3.68141721E-04	-3.33772773E-08	
	-.0444599837	.0447214084	.0447213612	
	-.0891961172	.0894426947	.0894427181	
	.0898039878	-.0894426945	-.0894427181	
x^k	.0450400713	-.0447214082	-.0447213612	
	-.626079498	.62609903	.626099032	
	-.626098332	.626099035	.626099033	
	-.313044279	.313049521	.313049517	
	-.313053696	.313049512	.313049516	

Trotz der relativ schlechten Startnäherung mit ρ_1 etwa in der Mitte zwischen
dem Eigenwertcluster bei 1000 und dem bei 0 hat man extrem schnelle Konvergenz. Der Fehler in x^7 ist 10^{-9}.

Nachteil der Methode mit variablem Shift ist es, daß man nicht weiß, gegen
welchen Eigenwert Konvergenz eintritt.

2.6 TRANSFORMATION EINER NxN-MATRIX AUF OBERE FASTDREIECKS (HESSENBERG-) BZW. TRIDIAGONALFORM

Bereits im vorigen Abschnitt haben wir bemerkt, daß es zweckmäßig sein
wird, vor der numerischen Lösung des Eigenwertproblems die Matrix A
auf eine möglichst "kondensierte" Gestalt (mit vielen Nullelementen) zu
bringen. Die einfachste Normalform, auf die man eine beliebige n×n-Matrix
durch eine Ähnlichkeitstransformation mit endlich vielen rationalen

(+,-,*,/) Rechenoperationen bringen kann, ist die sogenannte Frobenius-Normalform, aus der man die Koeffizienten des charakteristischen Polynoms unmittelbar ablesen kann, z.B.

$$
A = \begin{pmatrix}
\alpha_3 & \alpha_2 & \alpha_1 & \alpha_0 & & & & & \\
1 & 0 & 0 & 0 & & & & & \\
0 & 1 & 0 & 0 & & \bigcirc & & \bigcirc & \\
0 & 0 & 1 & 0 & & & & & \\
\hline
& & & & \beta_2 & \beta_1 & \beta_0 & & \\
& \bigcirc & & 1 & 0 & 0 & & \bigcirc & \\
& & & 0 & 1 & 0 & & & \\
\hline
& \bigcirc & & & \bigcirc & & \gamma_1 & \gamma_0 & \\
& & & & & & 1 & 0 &
\end{pmatrix}
$$

$$\det(A-\lambda I) = -(\lambda^4-\alpha_3\lambda^3-\alpha_2\lambda^2-\alpha_1\lambda-\alpha_0)(\lambda^3-\beta_2\lambda^2-\beta_1\lambda-\beta_0)(\lambda^2-\gamma_1\lambda-\gamma_0)$$

Wegen der gewöhnlich hohen Sensitivität von Polynomstellen gegen Störungen in den Koeffizienten, die beim numerischen Rechnen unvermeidlich auftreten, ist diese Normalform aber praktisch uninteressant. Aufgrund der Sensitivitätsresultate aus 2.2 ist klar, daß eine brauchbare Ähnlichkeitstransformation einer Matrix A auf kondensierte Form H folgende Eigenschaften haben muß:

a)   Die unter Rundungsfehlereinfluß tatsächlich berechnete Matrix $\tilde{H}$ erfüllt mit einer geeigneten Matrix $\tilde{T}$

$$\tilde{H} = \tilde{T}^{-1}(A+E)\tilde{T} \quad \text{mit } \|E\| \leq \varepsilon C\|A\|, \text{ C "kleine Konstante"}$$

b)   Ist A hermitesch, dann auch H und damit $\tilde{H}$.

c) $\|\tilde{T}^{-1}\|_2\|\tilde{T}\|_2 \leq f(n)$ mit f geeignet "klein".

a) bedeutet, daß $\tilde{H}$ exakt ähnlich ist zu einer wenig gestörten Ausgangsmatrix, d.h. die Eigenwerte sind durch die Rundungsfehler nicht stärker verfälscht als durch die "natürliche" Unsicherheit in A (ε= Rechengenauigkeit).

b) ist selbstverständlich, da das Eigenwertproblem einer hermiteschen Matrix so viel angenehmere Eigenschaften hat als das einer allgemeinen.

c) bedeutet, daß die Sensitivität der Eigenwerte von H (bzw. $\tilde{H}$) gegenüber Störungen in H nicht wesentlich größer ist als die der Eigenwerte von A (die ja die gleichen sind) gegenüber Störungen in A.

Die einzige Transformation, die alle diese Eigenschaften besitzt, ist die unitäre Ähnlichkeitstransformation einer beliebigen Matrix auf obere (oder untere) Hessenbergform:

$$A = \boxed{} \mid\!\!-\!\!>P_1 A P_1 = \boxed{} \mid\!\!-\!\!>\ldots\mid\!\!-\!\!>P_{n-2}\ldots P_1 A P_1\ldots P_{n-2} = \boxed{} = H$$

Dabei sind die einzelnen P_j selbst unitär und hermitesch (Householder-Matrizen) oder Produkte einfacherer unitärer Matrizen. <u>Ist A selbst hermitesch, dann auch H, d.h. H wird automatisch eine hermitesche Tridiagonalmatrix.</u>
Wir beschreiben zunächst die Anwendung der Householder-Transformation. Die Vorgehensweise ist ganz analog zu der bei der Berechnung der QR-Zerlegung, nur daß jetzt im j-ten Schritt nicht die Elemente unterhalb des j-ten Diagonalelementes, sondern des j-ten <u>Sub</u>diagonalelementes (in der Zeile j+1) annulliert werden. Nur so bleiben bei der anschließenden Anwendung der Transformation von rechts (Ähnlichkeitstransformation!), die die Spalten j+1 bis n verändert, die gerade erzeugten Nullen erhalten. Sei nach j-1 Schritten (j =1,...,n-1)

$$A_j = P_{j-1} \cdots P_1 A P_1 \cdots P_{j-1} = \left[\begin{array}{ccc|ccc} a_{11}^{(j)} \cdots\cdots & & a_{1,j}^{(j)} & a_{1,j+1}^{(j)} \cdots\cdots & a_{1,n}^{(j)} \\ a_{21}^{(j)} & a_{22}^{(j)} & \vdots & \vdots & \vdots \\ 0 & a_{32}^{(j)} & \vdots & & \\ \vdots & \ddots & a_{j,j-1}^{(j)} & a_{j,j}^{(j)} & \cdots \\ \hline \vdots & 0 & a_{j+1,j}^{(j)} & a_{j+1,j+1}^{(j)} \cdots a_{j+1,n}^{(j)} \\ 0 \cdots\cdots 0 & a_{n,j}^{(j)} & a_{n,j+1}^{(j)} & \cdots a_{n,n}^{(j)} \end{array} \right]$$

$$= \left[\begin{array}{c|c} A_{11}^{(j)} & A_{12}^{(j)} \\ \hline A_{21}^{(j)} & A_{22}^{(j)} \end{array} \right] \; \} \; j$$

$$\underbrace{\phantom{A_{21}}}_{j}$$

Dann wird $A_{j+1} = P_j A_j P_j$, wo $P_j = \left[\begin{array}{c|c} I & 0 \\ \hline 0 & \hat{P}_j \end{array} \right] \; \} \; j$

$$\underbrace{}_{j}$$

und $\hat{P}_j$ eine Householder-Matrix ist, die die Bedingung

$$\hat{P}_j \begin{bmatrix} a_{j+1,j}^{(j)} \\ \vdots \\ a_{n,j}^{(j)} \end{bmatrix} = -\theta_j \sigma_j \begin{bmatrix} 1 \\ 0 \\ \vdots \\ 0 \end{bmatrix}$$

erfüllt. Für θ_j und σ_j gelten die Beziehungen

$$\theta_j = \begin{cases} 1 & \text{falls} \quad a_{j+1,j}^{(j)} = 0 \\ a_{j+1,j}^{(j)} / |a_{j+1,j}^{(j)}| & \text{sonst} \end{cases}$$

$$\sigma_j = \left(\sum_{k=j+1}^{n} |a_{k,j}^{(j)}|^2 \right)^{1/2}$$

also

$$\hat{P}_j = I - \beta_j \hat{w}^j (\hat{w}^j)^H$$

mit

$$\beta_j = 1/(\sigma_j(\sigma_j + |a^{(j)}_{j+1,j}|))$$

$$\hat{w}_j = (\theta_j(|a^{(j)}_{j+1,j}| + \sigma_j),\ a^{(j)}_{j+2,j}, \ldots, a^{(j)}_{n,j})^T.$$

Es wird damit

$$A_{j+1} = \left[\begin{array}{c|c} A^{(j)}_{11} & A^{(j)}_{12}\hat{P}_j \\ \hline \begin{array}{cc} 0\ldots 0 & -\theta_j\sigma_j \\ 0\ldots\ldots\ldots & 0 \\ \vdots & \vdots \\ 0\ldots\ldots\ldots & 0 \end{array} & \hat{P}_j A^{(j)}_{22} \hat{P}_j \end{array} \right]$$

Im <u>hermiteschen</u> Fall ist natürlich auch

$$A^{(j)}_{12}\hat{P}_j = \left[\begin{array}{ccc} 0 & & 0 \\ \vdots & & \vdots \\ 0 & & \vdots \\ -\bar{\theta}_j\sigma_j & 0 \ldots & 0 \end{array} \right] \qquad (\text{falls } A = A^H)$$

Es muß dann nur der rechte untere Block berechnet werden.
Wegen der speziellen Struktur von $\hat{P}_j$ ergibt sich

$$\hat{P}_j A^{(j)}_{22} \hat{P}_j = A^{(j)}_{22} - \hat{u}^j(z^j)^H - y^j(\hat{u}^j)^H$$

mit

$$\hat{u}^j = \beta_j \hat{w}^j$$
$$y^j = A^{(j)}_{22}\hat{w}^j - \frac{\gamma_j}{2}\hat{u}^j \qquad\qquad \gamma_j = (\hat{w}^j)^H A^{(j)}_{22} \hat{w}^j$$
$$(z^j)^H = (\hat{w}^j)^H A^{(j)}_{22} - \frac{\gamma_j}{2}(\hat{u}^j)^H.$$

Im hermiteschen Fall ist also auch noch

$$z^j = y^j \qquad\qquad (\text{falls } A = A^H)$$

wodurch sich der Aufwand noch einmal halbiert. Im nichthermiteschen Fall
muß man noch

$$A_{12}^{(j)} P_j = A_{12}^{(j)} - (A_{12}^{(j)} \hat{w}^j)(\hat{u}^j)^H$$

bilden. Der Gesamtaufwand ist $\frac{5}{3} n^3 + \mathcal{O}(n^2)$ Rechenoperationen im allgemeinen und $\frac{2}{3} n^3 + \mathcal{O}(n^2)$ im hermiteschen Fall.

Die unitäre Gesamttransformationsmatrix

$$U = P_1 \ldots P_{n-2}$$

wird fast nie explizit gebildet, sondern nur in faktorisierter Form über die Daten $\beta_j, \hat{w}^j$ gespeichert. Dabei geht man gewöhnlich so vor, daß man die β's in einem Vektor und die Subdiagonalelememente von H, also die Zahlen $-\theta_j \sigma_j$ bzw. $a_{n,n-1}^{(n-1)}$ ebenfalls in einem Vektor abspeichert, so daß die $\hat{w}^j$ in die Ausgangsmatrix unterhalb der Diagonalen abgelegt werden können.

Hat man die Eigenvektoren t^i von H bestimmt,

$$Ht^i = \lambda_i t^i \quad ,$$

dann erhält man die Eigenvektoren von A gemäß

$$H = U^H A U$$

aus

$$x^i = Ut^i = P_1 \ldots P_{n-2} t^i$$

durch Anwendung der n-2 Householdertransformationen in umgekehrter Reihenfolge auf die einzelnen Vektoren t^i.

BEMERKUNG 2.6.1.-

Der hier beschriebene Algorithmus ist ganz außerordentlich stabil gegen Rundungsfehler, im nichthermiteschen Fall aber etwas arbeitsaufwendig. Wenn es ohnehin nur auf die Transformation auf Hessenberggestalt ankommt, dann kann man anstelle der Householder-Matrizen untere Dreiecksmatrizen wie bei der Dreieckszerlegung einer Matrix nach dem Gauß'schen Algorithmus zur Erzeugung der Nullen unterhalb der Subdiagonale verwenden (mit Zeilentausch). Der Rechenaufwand halbiert sich dann, aber u.U. wächst

$||T||_2||\,T^{-1}||_2$ bis auf 4^{n-2} an! Wir verzichten hier auf eine ausführliche
Diskussion dieser Möglichkeit.

Wenn die Ausgangsmatrix A bereits eine hermitesche Bandmatrix mit der Bandbreite
> 3 ist, dann ist die hier beschriebene Vorgehensweise nicht sinnvoll, weil
die rechte untere "Restmatrix" schon nach wenigen Schritten voll besetzt
wäre. Man kann aber durch eine geschickte Modifikation eine Reduktion auf
Dreibandform erreichen, ohne die Gesamtbreite zu erhöhen (eine Hilfsvari-
able genügt). Dies ist wichtig, weil gewöhnlich eine hermitesche Bandmatrix der Gesamtbreite 2m+1

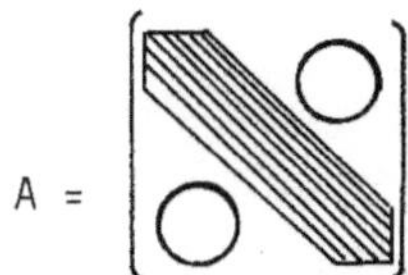

$$A = \qquad\qquad\qquad\qquad a_{ij} = 0 \quad \text{für} \quad |i-j| > m$$

nur als n × (m+1)-Feld in der Form

$$\begin{bmatrix} a_{1,1} & a_{1,2} \text{---} a_{1,m+1} \\ \vdots & \vdots \\ & \diagdown\, 0 \\ & \diagdown\, | \\ a_{n,n} & 0 \diagup \text{-----} 0 \end{bmatrix}$$

gespeichert wird. Die Reduktion vollzieht sich dann so, daß die Dreibandform zeilenweise und von außen nach innen elementweise erzeugt wird. Nach
der Erzeugung eines neuen Nullelementes im Band muß zunächst durch zusätzliche Transformationen die Bandbreite wiederhergestellt werden, indem
ein einzelnes Element $\neq 0$ außerhalb des Bandes "aus der Matrix herausge-
jagt" wird, ("a" und "b" in untenstehender Skizze). Die Überführung eines
Matrixkoeffizienten $a_{ij}^{(k)}$ mit j>i+1 (und damit gleichzeitig die von $\bar{a}_{ji}^{(k)}$)
nach null wird durch die unitäre Ähnlichkeitstransformation

$$A_{k+1} = \Omega_{j-1,j}^H A_k \Omega_{j-1,j}$$

erreicht, mit sogenannten Givensrotationen $\Omega_{i,j}$

$$(2.6\text{-}1) \qquad \Omega_{j-1,j} = \left(\begin{array}{c|cc|c} I_{j-2} & \multicolumn{2}{c|}{0} & 0 \\ \hline 0 & \bar{c} & \bar{b} & 0 \\ & b & -c & \\ \hline 0 & \multicolumn{2}{c|}{0} & I_{n-j} \end{array} \right) \qquad \begin{array}{l} \longleftarrow\ j-1 \\ \longleftarrow\ j \end{array}$$

Die Größen c und s berechnen sich aus der Forderung

$$|c|^2 + |s|^2 = 1$$
$$a^{(k)}_{i,j-1}\bar{s} - a^{(k)}_{i,j}c = 0$$

als

$$c := a^{(k)}_{i,j-1}/r\ , \quad s := \bar{a}^{(k)}_{i,j}/r\ , \quad r := \sqrt{|a^{(k)}_{i,j-1}|^2 + |a^{(k)}_{i,j}|^2}$$

Im reellen Fall ist $\Omega_{j-1,j}$ reell _orthonormal_ und _symmetrisch_, was die Berechnung der Transformation sehr vereinfacht. Zuerst wird das Element (1,m+1) annulliert. Dabei entsteht das Element "a" in der Position (m,2m+1). Dies wird annulliert, wobei das Element "b" in der Position (2m,3m+1) entsteht und so fort, bis (k+1)m+1 >n wird. Dann beginnt der Zyklus von neuem mit Element (1,m) und so fort.
Für diese spezielle Technik der Transformation auf Dreibandform benötigt man bei der Anfangsbreite 2m+1 etwa $n^2(m-1)(4+13/2m)$ Rechenoperationen, z.B. für $n=10^4$ und $m=10^2$ also etwa $4*10^{10}$ Operationen und n(m+1) Speicherplätze im Hauptspeicher; auf den heutigen Großrechnern ist das Verfahren also selbst in dieser Größenordnung durchführbar.

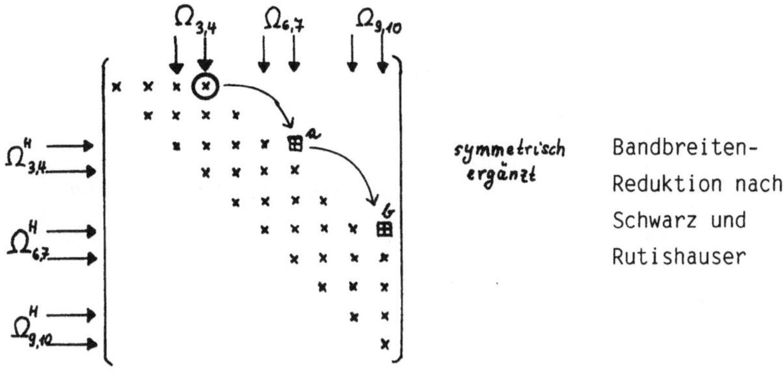

BEMERKUNG 2.6.2.-

Aus der großen numerischen Stabilität der Householder-bzw. der Givens-
Transformationen folgt nicht, daß die unter Rundungsfehlereinfluß berechneten Dreiband- bzw. Hessenbergmatrizen mit den bei exakter Rechnung er-
haltenen gut übereinstimmen. Dies ist auch nicht notwendig. Wesentlich ist,
daß die berechneten Matrizen exakt ähnlich sind zu einer wenig gestörten Ausgangsmatrix.

Beispiel 2.6.1.-

(Alle Matrizen sind symmetrisch zu ergänzen),aus [16].

$$A_0 = A = \begin{bmatrix} 0.71235 & 0.33973 & 0.28615 & 0.30388 & 0.29401 \\ & 1.18585 & -0.21846 & -0.06685 & -0.37360 \\ & & 0.18159 & 0.27955 & 0.38898 \\ & & & 0.23195 & 0.20496 \\ & & & & 0.46004 \end{bmatrix}$$

Transformation auf Tridiagonalgestalt durch Givens-Rotationen.

a) Rechengenauigkeit 5 Nachkommastellen

$$A_3 = \begin{bmatrix} 0.71235 & 0.61325 & 0 & 0 & 0 \\ & 0.61874 & 0.00002 & 0.00001 & 0.00001 \\ & & 0.81366 & 0.51237 & 0.61325 \\ & & & 0.21436 & 0.21537 \\ & & & & 0.41267 \end{bmatrix}$$

Nach Transformation der 1. Zeile/Spalte.

$$A_5 = \begin{bmatrix} 0.71235 & 0.61325 & 0 & 0 & 0 \\ & 0.61874 & 0.00002 & 0 & 0 \\ & & 1.48135 & 0.02405 & 0.11049 \\ & & & -0.07568 & -0.10328 \\ & & & & 0.03502 \end{bmatrix}$$

Nach Transformation der 2. Zeile/Spalte.

$$A_6 = \begin{bmatrix} 0.71235 & 0.61325 & 0 & 0 & 0 \\ & 0.61874 & 0.00002 & 0 & 0 \\ & & 1.48135 & 0.11308 & 0 \\ & & & -0.01292 & 0.11694 \\ & & & & -0.02774 \end{bmatrix}$$

Nach Transformation der 3. Zeile/Spalte.

b) Rechengenauigkeit 6 Kommastellen

$$\tilde{A}_3 = \begin{bmatrix} 0.712350 & 0.613256 & 0 & 0 & 0 \\ & 0.618749 & 0.000012 & 0.000007 & 0.000008 \\ & & 0.813654 & 0.512374 & 0.613255 \\ & & & 0.214360 & 0.215375 \\ & & & & 0.412665 \end{bmatrix}$$

$$\tilde{A}_5 = \begin{bmatrix} 0.712350 & 0.613256 & 0 & 0 & 0 \\ & 0.618749 & 0.000016 & 0 & 0 \\ & & 1.486335 & -0.068499 & 0.024712 \\ & & & -0.079492 & -0.102483 \\ & & & & 0.033837 \end{bmatrix}$$

$$\tilde{A}_6 = \begin{bmatrix} 0.712350 & 0.613256 & 0 & 0 & 0 \\ & 0.618749 & 0.000016 & 0 & 0 \\ & & 1.486335 & 0.072820 & -0.115055 \\ & & & & -0.044643 \end{bmatrix}$$

c) Eigenwerte auf 8 Stellen genau:

A	A_6	$\tilde{A}_6$
1.48991 259	1.48991 000	1.48991 239
1.28058 937	1.28057 855	1.28058 896
-0.14126 880	-0.14126 174	-0.14126 895
0.09203 628	0.09204 175	0.09203 657
0.05051 055	0.05051 145	0.05051 030

Obwohl Unterschiede zwischen A_6 und $\tilde{A}_6$ schon in der zweiten Nachkommastelle bestehen, stimmen die Eigenwerte untereinander und mit denen von A auf 5 Nachkommastellen überein.

2.7 BERECHNUNG DER EIGENWERTE EINER HERMITESCHEN DREIBANDMATRIX
   BERECHNUNG DER EIGENWERTE EINES ALLGEMEINEN EIGENWERTPROBLEMS
   MIT BANDMATRIZEN

Theoretische Grundlage der im folgenden beschriebenen Algorithmen ist der Trägheitssatz von Sylvester:

SATZ 2.7.1.- Sei T eine invertierbare Matrix. A,B seien hermitesche $n \times n$-Matrizen, B positiv definit, $\mu \in \mathbb{R}$ beliebig. Dann gilt:
Die beiden Eigenwertprobleme

$$Ax = \lambda Bx \qquad \text{und} \qquad T^H A T y = \tilde{\lambda} B y$$

haben gleichviele Eigenwerte λ bzw. $\tilde{\lambda}$ die >0, =0 , < 0 sind
d.h. die Probleme

$$(A-\mu B)x = (\lambda-\mu)Bx \quad \text{und} \quad T^H(A-\mu B)Ty = (\tilde{\lambda}-\mu)By$$

haben gleichviele Eigenwerte λ bzw. $\tilde{\lambda}$, die $>\mu$, $=\mu$, $<\mu$ sind. ⌐

Die Anwendung dieses Satzes besteht darin, durch geschickte Wahl von T die Probleme so zu transformieren , daß die Vorzeichen der Eigenwerte des transformierten Probelms unmittelbar ablesbar und damit die Anzahlen der Eigenwerte $>\mu$, $= \mu$, $<\mu$ des Ausgangsproblems unmittelbar gegeben sind. Dieses Ziel ist sicher dann erreicht, wenn

$$T^H AT - \mu T^H BT = T^H(A-\mu B)T$$

diagonal ist. Nun ist $A-\mu B$ jedenfalls hermitesch und erlaubt, von endlich vielen Ausnahmewerten μ abgesehen, eine Dreieckszerlegung der Form

$$A -\mu B = L\Delta L^H \qquad\qquad \Delta = \text{Diagonalmatrix} \quad *)$$

mit einer unteren Dreiecksmatrix L mit Diagonale $1,\ldots,1$.
Die Matrix $T^H := L^{-1}$ leistet also das Gewünschte. Man hat natürlich die Inversion von L garnicht auszuführen, da die Elemente der Diagonalmatrix Δ bekannt sind, sobald die Dreieckszerlegung ausgeführt ist. Fällt aber μ mit einem der Eigenwerte eines der Hauptabschnitte der Dimension $\leq n-1$ von $B^{-1/2}AB^{-1/2}$ zusammen, dann ist die Zerlegung nicht zu Ende durchführbar, weil dann ein Pivotelement null wird. (Man kann dann z.B. μ ein wenig abändern).
Wir beschreiben zunächst ausführlich den Fall einer nichtzerfallenden tridiagonalen Matrix A mit $B = I$, wo keinerlei numerische Schwierigkeiten auftreten. Sei also

$$A = \begin{bmatrix} \alpha_1 & \beta_1 & & & 0 \\ \bar{\beta}_1 & \alpha_2 & \beta_2 & & \\ & & \ddots & & \beta_{n-1} \\ 0 & & & \bar{\beta}_{n-1} & \alpha_n \end{bmatrix} \qquad \beta_i \neq 0,\ i=1,\ldots,n-1$$

---

*) Δ ist die Diagonalmatrix aus den Pivots beim Gauß'schen Algorithmus ohne Vertauschung, angewandt auf $A-\mu B$.

BEMERKUNG 2.7.1.-

Eine hermitesche nichtzerfallende Tridiagonalmatrix hat lauter verschiedene Eigenwerte. Man kann aber leider nicht aus der Größe der Außerdiagonalelemente, also $|\beta_i|$, auf die Güte der Separation der einzelnenEigenwerte schließen. So besitzt z.B. die Matrix mit n=21, $\alpha_i=|11-i|$, i=1,...,21, $\beta_i \equiv 1$, die Eigenwerte $\lambda_1 = 10.74619418290339...$, $\lambda_2=10.74619418290332...$. In der Praxis wird man natürlich die Bedingung $\beta_i \neq 0$ durch "β_i nicht vernachlässigbar klein" ersetzen, vergleiche hierzu die Ausführungen in Abschnitt 2. ⏌

Die Durchführung der Dreieckszerlegung von A-µI ohne Vertauschungen ergibt bekanntlich einen linken Dreiecksfaktor L der Form

$$L = \begin{bmatrix} 1 & & & & \\ \ell_{21} & 1 & & & 0 \\ 0 & & \ddots & & \\ \vdots & & & \ddots & \\ 0 & \cdots & 0 & \ell_{n,n-1} & 1 \end{bmatrix}$$

Der Ansatz

$$A-\mu I = L\Delta\, L^H$$

liefert dann folgende Rekursionsformel für die Elemente δ_i der Diagonalmatrix Δ und die Subdiagonalelemente $\ell_{i+1,i}$ von L:

$$\delta_1 = \alpha_1-\mu \quad , \quad \delta_1 \overline{\ell}_{21} = \beta_1$$

$$\delta_2 + \delta_1|\ell_{21}|^2 = \alpha_2-\mu \quad , \quad \delta_2 \overline{\ell}_{32} = \beta_2 ,$$

allgemein

$$\delta_k + \delta_{k-1}|\ell_{k,k-1}|^2 = \alpha_k-\mu \ , \ \delta_k \overline{\ell}_{k+1,k} = \beta_k \ , \ k=1,...,n$$

mit $\ell_{1,0} := 0$, $\delta_0 := 1$. Die Zerlegung existiert, falls für k=1,...,n-1 $\delta_k \neq 0$ und man erhält dann unter Elimination der ℓ's die Rekursionsformel

$$(2.7-1) \qquad \delta_k = \alpha_k-\mu- |\beta_{k-1}|^2/\delta_{k-1} \ , \ k=1,...,n \quad \delta_0 := 1, \ \beta_0 := 0$$

Verschwindet ein δ_k-Wert, so ersetzt man ihn durch eine kleine Zahl, etwa
die Rechengenauigkeit ε, was der Abänderung von α_k in $\alpha_k+\varepsilon$ entspricht.
Wir wissen aufgrund der Resultate in Abschnitt 2, daß dies die zu berechnenden
Eigenwerte um höchstens ε verfälscht.
Die Anzahl der δ-Werte, die kleiner als null ausfällt, ist identisch mit
der Anzahl der Eigenwerte von A, die kleiner als μ sind. Man kann damit
alle Eigenwerte von A in einem beliebig vorgegebenen Intervall oder auch
einen bestimmten vorgegebenen Eigenwert bestimmen.

<u>BEISPIEL 2.7.1.-</u>   n=4

$$A= \begin{bmatrix} 1 & 1 & & 0 \\ 1 & 3 & 2 & \\ & 2 & 5 & 3 \\ 0 & & 3 & 7 \end{bmatrix}$$

Gesucht ist der zweitkleinste Eigenwert λ_3 von A.
Weil der <u>kleinste</u> Eigenwert von A jedenfalls ≤ 1 ist, vergleiche (2.3-6),
wird zuerst $\mu=1$ versucht. Es folgt $\lambda_3>1$. $\mu=2$ liefert $\lambda_3<2$ usf.

$\mu=$	$\delta_1=$	$\delta_2=$	$\delta_3=$	$\delta_4=$
1	$0\mid\longrightarrow 10^{-6}$	$-9.99998_{10}5$	5.000004	4.200001
2	-1	2.000000	1.000000	-4.000000
1.5	-0.500000	3.500000	2.357143	1.681818
1.75	-0.750000	2.583333	1.701613	-0.039100
1.625	-0.625000	2.975000	2.030462	0.942511
1.6875	-0.687500	2.767045	1.866915	0.491712
1.71875	-0.718750	2.672554	1.784555	0.237975
1.734375	-0.734375	2.627327	1.743165	0.102603
1.7421875	-0.742187	2.605181	1.722410	0.032577
1.74609375	-0.746094	2.595220	1.712017	-0.003050
1.744140625	-0.744141	2.599691	1.717215	0.014816

$$\Longrightarrow \lambda_3 \in [1.744140625,\ 1.74609375].$$

Das Verfahren der Intervallhalbierung ist zwar langsam, aber äußerst robust
und auch gegen Rundungsfehler unempfindlich. Pro Schritt hat man n-1 Divi-

sionen und 2n-1 Subtraktionen zu leisten, brauchbare Genauigkeit erfordert
in der Regel 20-40 Halbierungsschritte. Auch die Bestimmung aller Eigenwerte einer großen Tridiagonalmatrix mit hoher Genauigkeit ist also unproblematisch.

Hat man ein allgemeines hermitesches Matrizenpaar von Bandmatrizen A,B,
so ist (auch bei sehr großer Dimension) wenigstens die Bestimmung des
kleinsten Eigenwertes noch ohne Schwierigkeiten möglich. Ist nämlich

$$\mu < \lambda_n \quad \text{*)}$$

wobei λ_n der kleinste Eigenwert des Problems $Ax = \lambda Bx$ ist, dann ist

$$A - \mu B \text{ positiv definit}$$

sodaß die Dreieckszerlegung ohne Vertauschung möglich und auch unter Rundungsfehlereinfluß äußerst stabil ist. Ist aber

$$\mu \geq \lambda_n,$$

dann ist

$$A - \mu B \text{ semidefinit oder indefinit,}$$

was sich dadurch bemerkbar macht, daß einer der Pivots ≤ 0 ausfällt. Man
kann die Zerlegung (die bis dahin numerisch stabil verlief) sofort abbre-
chen, weil diese Information zur Bestimmung des kleinsten Eigenwertes ausreicht.

Die Bestimmung höherer Eigenwerte leidet in diesem Fall unter der Gefahr,
daß die Dreieckszerlegung numerisch zwar durchführbar, aber völlig instabil
ist, was sich dadurch bemerkbar macht, daß Elemente von L sehr viel größer
als 1 werden.

Mit Hilfe zusätzlicher Transformationen und symmetrischer Zeilen- und Spal-
tenvertauschungen kann man diese Gefahren umgehen.

Bezüglich Einzelheiten verweisen wir auf die Spezialliteratur [9].

---

*) Ist A positiv definit, dann ist $0 < \lambda_n \leq \min \{a_{ii}/b_{ii}\}$, sonst
$-\|A\|_2 \|B^{-1}\|_2 \leq \lambda_n \leq \min \{a_{ii}/b_{ii}\}$

BEISPIEL 2.7.2.-

Bestimmung des kleinsten Eigenwertes des allgemeinen Eigenwertproblems
$Ax = \lambda Bx$ mit A,B positiv definit.

$$A = \begin{bmatrix} 10 & 2 & 3 & 1 & 1 \\ 2 & 12 & 1 & 2 & 1 \\ 3 & 1 & 11 & 1 & -1 \\ 1 & 2 & 1 & 9 & 1 \\ 1 & 1 & -1 & 1 & 15 \end{bmatrix}, \qquad B = \begin{bmatrix} 12 & 1 & -1 & 2 & 1 \\ 1 & 14 & 1 & -1 & 1 \\ -1 & 1 & 16 & -1 & 1 \\ 2 & -1 & -1 & 12 & -1 \\ 1 & 1 & 1 & -1 & 11 \end{bmatrix}$$

mit den Eigenwerten

$$\lambda_5 = +4.32787211020_{10}-1;$$
$$\lambda_4 = +6.63662748402_{10}-1$$
$$\lambda_3 = +9.43859004670_{10}-1;$$
$$\lambda_2 = +1.10928454002_{10}+0;$$
$$\lambda_1 = +1.49235323254_{10}+0.$$

Ausgangsintervall ist also

$$[a,b] = [0,0.6875]$$

$$\mu_0 = (a+b)/2 = 0.34375.$$

Im folgenden sind jeweils angegeben: μ und Pivot-Elemente der Dreieckszerlegung ohne Vertauschungen. Abbruch der Dreieckszerlegung, wenn Pivot ≤ 0. Dann $b := \mu$ sonst $a := \mu$. Es ist stets $\lambda_5 \in [a,b]$.

```
*******************
SCHRITT NR.   0
MY=                .34375
PIVOTS
    1              5.875
    2              6.72057846
    3              3.58470295
    4              3.6570041
    5              9.47318786
*******************
SCHRITT NR.   1
MY=                .515625
PIVOTS
    1              3.8125
    2              4.20331711
    3             -.677955369
```

```
*******************
SCHRITT NR.   2
MY=                .4296875
PIVOTS
    1              4.84375
    2              5.47528982
    3              1.64299238
    4              1.3090789
    5              1.54020423
*******************
SCHRITT NR.   3
MY=                .47265625
PIVOTS
    1              4.328125
    2              4.84383109
    3              .550610576
    4             -3.68482422
```

```
*****************         *****************         *****************
SCHRITT NR.   15          SCHRITT NR.   20          SCHRITT NR.   25
MY=          .432782173   MY=          .432787091   MY=          .432787203
PIVOTS                    PIVOTS                    PIVOTS
  1      4.80661392         1      4.80655491         1      4.80655356
  2      5.43005124         2      5.42997933         2      5.42997768
  3      1.5677389          3      1.56761895         3      1.5676162
  4      1.16018947         4      1.15994413         4      1.15993851
  5      2.92816071E-03     5      7.00537348E-05     5      4.52763925E-06
*****************         *****************         *****************
SCHRITT NR.   16          SCHRITT NR.   21          SCHRITT NR.   26
MY=          .432787418   MY=          .432787254   MY=          .432787208
PIVOTS                    PIVOTS                    PIVOTS
  1      4.80655098         1      4.80655295         1      4.8065535
  2      5.42997453         2      5.42997693         2      5.42997761
  3      1.56761095         3      1.56761495         3      1.56761608
  4      1.15992778         4      1.15993595         4      1.15993825
  5     -1.20544355E-04     5     -2.52605096E-05     5      1.54077134E-06
*****************         *****************         *****************
SCHRITT NR.   17          SCHRITT NR.   22          SCHRITT NR.   27
MY=          .432784796   MY=          .432787172   MY=          .432787211
PIVOTS                    PIVOTS                    PIVOTS
  1      4.80658245         1      4.80655393         1      4.80655347
  2      5.43001289         2      5.42997813         2      5.42997757
  3      1.56767493         3      1.56761695         3      1.56761601
  4      1.16005863         4      1.15994004         4      1.15993813
  5      1.40403409E-03     5      2.23964889E-05     5      5.81057975E-08
*****************         *****************         *****************
SCHRITT NR.   18          SCHRITT NR.   23          SCHRITT NR.   28
MY=          432786107    MY=          .432787213   MY=          .432787212
PIVOTS                    PIVOTS                    PIVOTS
  1      4.80656672         1      4.80655344         1      4.80655345
  2      5.42999371         2      5.42997754         2      5.42997755
  3      0.56764294         3      1.56761595         3      1.56761598
  4      1.1599932          4      1.159938           4      1.15993806
  5      6.41789782E-04     5     -1.42051431E-06     5     -6.97909854E-07
*****************         *****************         *****************
SCHRITT NR.   19          SCHRITT NR.   24          SCHRITT NR.   29
MY=          .432786763   MY=          .432787193   MY=          .432787212
PIVOTS                    PIVOTS                    PIVOTS
  1      4.80655885         1      4.80655369         1      4.80655346
  2      5.42998412         2      5.42997783         2      5.42997756
  3      1.56762695         3      1.56761645         3      1.567616
  4      1.15996049         4      1.15993902         4      1.15993809
  5      2.60627101E-04     5      1.04894134E-05     5     -3.44429282E-07
```

(Die Berechnungen erfolgten auf einem CBM 3032.
Der dezimale Ausdruck gibt die interne Zahldarstellung nicht in voller
Genauigkeit wieder.)

2.8 BESTIMMUNG DER EIGENWERTE EINER HESSENBERG-MATRIX
METHODE VON HYMAN

Wir haben bereits festgestellt, daß man jede $n \times n$-Matrix durch eine unitäre (d.h. für die Praxis durch eine gegen Rundungsfehlereinflüsse unempfindliche) Ähnlichkeitstransformation auf obere Hessenberggestalt bringen kann. Für die Bestimmung der Eigenwerte einer solchen Hessenbergmatrix ist es bedeutsam, daß man die <u>Werte</u> des charakteristischen Polynoms $\det(A-\lambda I)$ und auch die zugehörigen Werte eventuell benötigter Ableitungen bei gegebenem <u>Zahlenwert</u> für λ leicht und numerisch stabil bestimmen kann.

Wir betrachten dazu das Gleichungssystem

$$(a_{11}-\lambda)x_1 + a_{12}x_2 + \ldots + a_{1n}x_n = -c$$

$$a_{21}x_1 + (a_{22}-\lambda)x_2 + \ldots + a_{2n}x_n = 0$$

$$a_{32}x_2 + \ldots + \ldots = 0$$

$$\text{------------------------}$$

$$a_{n,n-1}x_{n-1} + (a_{nn}-\lambda)x_n = 0.$$

Bei gegebenem Wert für c besteht für die Komponente x_n nach der Cramer'schen Regel die Gleichung

$$x_n = (-1)^n c a_{21} \ldots a_{n,n-1}/\det(A-\lambda I).$$

Wir setzen voraus, daß keines der Subdiagonalelemente null ist. (Sonst könnte man das Eigenwertproblem in mindestens zwei Teilprobleme kleinerer Dimensionen aufspalten.) Dann ist jedenfalls $x_n \neq 0$ für $c \neq 0$. Setzen wir umgekehrt

$$x_n := 1$$

und lösen das Gleichungssystem nach der Methode der Rücksubstitution, wobei c jetzt als Unbekannte behandelt wird, dann wird

$$c = \det (A-\lambda I)(-1)^n/(a_{2,1} \ldots a_{n,n-1})$$

bis auf einen unerheblichen Faktor $\neq 0$ also der gesuchte Polynomwert. Die Lösung des Gleichungssystems durch Rücksubstitution ergibt eine Rekursionsformel für c, die noch von λ abhängt. Differentation dieser Rekursionsformel nach λ ergibt eine Rekursionsformel für $\frac{d}{d\lambda}$ det$(A-\lambda I)$ und so fort. Mit $a_{1,0} := 1$ wird

$$(2.8\text{-}1) \qquad \begin{cases} x_n(\lambda) := 1 \; ; \\[1ex] x_n'(\lambda) := 0 \; ; \\[1ex] x_{n-i}(\lambda) := \dfrac{1}{a_{n-i+1,n-i}} \left(\lambda x_{n-i+1}(\lambda) - \sum_{k=n-i+1}^{n} a_{n-i+1,k} x_k(\lambda) \right) \\[3ex] x_{n-i}'(\lambda) := \dfrac{1}{a_{n-i+1,n-i}} \left(x_{n-i+1}(\lambda) + \lambda x_{n-i+1}'(\lambda) - \sum_{k=n-i+1}^{n} a_{n-i+1,k} x_k'(\lambda) \right) \end{cases} \Bigg\}_{i=1,\dots,n}$$

d.h. $x_0(\lambda) = \gamma \det(A-\lambda I)$, $x_0'(\lambda) = \gamma \frac{d}{d\lambda} \det(A-\lambda I)$ mit $\gamma = (-1)^n/(a_{2,1} \dots a_{n,n-1})$. Falls $x_0(\lambda) = 0$, dann ist λ Eigenwert und $(x_1(\lambda),\dots,x_n(\lambda))^T$ zugehöriger Eigenvektor von A. Da wegen $a_{i+1,i} \neq 0$ ($\forall i$) alle Eigenwerte von A einfach sind, wenn A diagonalähnlich ist, kann man im Falle nur reeller Eigenwerte global konvergente Nullstellenverfahren (z.B. Newton-Maehly, Laguerre) einsetzen.

Wenn die Separation der Eigenwerte nicht gut ist, kann man allerdings erhebliche numerische Schwierigkeiten bekommen.

Entsprechendes gilt, wenn komplexe Eigenwerte (für reelle Matrix also ein konjugiert komplexes Eigenwertpaar) vorliegen und man Nullstellenverfahren einsetzen muß, die sich für allgemeine Polynome eignen.

Wenn alle Eigenwerte gesucht sind, ist der in Abschnitt 2.11 besprochene QL-(bzw. QR-) Algorithmus wesentlich empfehlenswerter.

$$\underline{\text{BEISPIEL 2.8.1.-}}$$

Es sollen der kleinste und der größte Eigenwert der Matrix

$$A=\begin{bmatrix}
12 & 11 & 10 & 9 & 8 & 7 & 6 & 5 & 4 & 3 & 2 & 1 \\
11 & 11 & 10 & 9 & 8 & 7 & 6 & 5 & 4 & 3 & 2 & 1 \\
   & 10 & 10 & 9 & 8 & 7 & 6 & 5 & 4 & 3 & 2 & 1 \\
   &   & 9 & 9 & 8 & 7 & 6 & 5 & 4 & 3 & 2 & 1 \\
   &   &   & 8 & 8 & 7 & 6 & 5 & 4 & 3 & 2 & 1 \\
   &   &   &   & 7 & 7 & 6 & 5 & 4 & 3 & 2 & 1 \\
   &   &   &   &   & 6 & 6 & 5 & 4 & 3 & 2 & 1 \\
   &   &   &   &   &   & 5 & 5 & 4 & 3 & 2 & 1 \\
   &   & 0 &   &   &   &   & 4 & 4 & 3 & 2 & 1 \\
   &   &   &   &   &   &   &   & 3 & 3 & 2 & 1 \\
   &   &   &   &   &   &   &   &   & 2 & 2 & 1 \\
   &   &   &   &   &   &   &   &   &   & 1 & 1
\end{bmatrix}$$

bestimmt werden. Der kleinste Eigenwert $\lambda_{12}=0.0310280\ldots$ ist vergleichsweise empfindlich gegen Störungen in A. (Mit $||x^{12}||_2 = 1$ wird $||y^{12}||_2||x^{12}||_2 = 1.85_{10}7$, wobei x^i, y^i die Rechts- bzw. Linkseigenvektoren zu λ_i bezeicnnen mit der Normierung $(y^i)^H x^i =1$ d.h. eine Abänderung in A um ε erzeugt einen Fehler in λ_{12} von der Größenordnung $10^7\varepsilon$). Es wird das Verfahren von Hyman in Verbindung mit dem Newton-Verfahren benutzt, das für $\lambda<\lambda_{12}$ global und monoton konvergiert. Als Startwert wird $\lambda=-55$ (untere Schranke aus dem Kreisesatz von Gerschgorin) benutzt. Die Konvergenz ist naturgemäß sehr langsam und die Endgenauigkeit beträgt nur eine Stelle ($2_{10}-3$ absoluter Fehler), was aufgrund der Rechengenauigkeit von 10 Stellen auch zu erwarten ist. Dagegen tritt bei bei der Bestimmung des größten Eigenwertes $\lambda_1=32.22889150157\ldots$ von der oberen Schranke $\lambda=78$ aus schnelle Konvergenz ein. Dieser Eigenwert ist sehr gut konditioniert ($||y^1||_2||x^1||_2 \approx 3.287$), entsprechend beträgt die Endgenauigkeit 10 Stellen. Als Eigenvektor wird der Vektor mit den Komponenten $x_i(\lambda)$ ausgedruckt. Dieser erweist sich beim kleinsten Eigenwert auch als komponentenweise auf 10^{-3} genau, die kleinen Komponenten haben aber einen kleineren absoluten Fehler! Beim größten Eigenwert liegt auch im Eigenvektor volle Maschinengenauigkeit vor.

-155-

```
STARTNAEHERUNG :
-55
      LAMBDA              P(LAMBDA)          DP(LAMBDA)
-49.9803373        6.41966598E+13  -1.27890384E+13
-45.3865439        2.25782558E+13  -4.91494807E+12
-41.1835299        7.93988326E+12  -1.88909273E+12
-37.339131         2.79174919E+12  -7.26186127E+11
-33.8238622        9.81452417E+11  -2.79196976E+11
-30.6106918        3.44972013E+11  -1.0736188E+11
-27.6748338        1.21230129E+11  -4.12929128E+10
-24.9935574        4.25930529E+10  -1.58853645E+10
-22.5460126        1.49608723E+10  -6.11260386E+09
-20.3130696        5.25354495E+09  -2.35274482E+09
-18.2771727        1.84421593E+09  -905849377
-16.4222051        647172680       -348886241
-14.7333658        227018816       -134422984
-13.1970569        79601239.6      -51813303.4
-11.8007801        27898184.1      -19980411.1
-10.5330426        9772614.56      -7708704.64
-9.38327035        3421398.54      -2975718.57
-8.34173003        1197106.14      -1149361.31
-7.39945678        418576.115      -444219.46
-6.54818907        146252.844      -171805.933
-5.78030922        51061.8034      -66497.1266
-5.08878944        17812.3936      -25758.3283
-4.46714278        6208.0255       -9986.42135
-3.90937875        2161.51802      -3875.32707
-3.40996315        751.805795      -1505.37104
-2.96378164        261.191618      -585.393194
-2.566107          90.6322417      -227.905509
-2.21256941        31.4077542      -88.8385168
-1.89912979        10.8687533      -34.6757472
-1.62205556        3.75548572      -13.5540782
-1.37789895        1.29552917      -5.30614002
-1.16347724        .446138494      -2.00065913
-.97585493         .153346901      -.817316986
-.812327541        .0526014713     -.321667652
-.670406825        .0180038282     -.126858352
-.547807213        6.14740679E-03  -.0501421389
-.442433314        2.09354248E-03  -.019867752
-.352368325        7.10917395E-04  -7.89338233E-03
-.275863404        2.40638052E-04  -3.14539312E-03
-.211327543        8.11605534E-05  -1.25760395E-03
-.157316927        2.72617296E-05  -5.04747615E-04
-.112529819        9.11333097E-06  -2.03481119E-04
-.0757928971       3.02950164E-06  -8.24647661E-05
-.0460522124       1.00039588E-06  -3.36372849E-05
-.0223857341       3.27329357E-07  -1.3830928E-05
-2.98903442E-03    1.05776402E-07  -5.74974883E-06
9.85090396E-03     3.36564446E-08  -2.43183487E-06
.0198701539        1.05904059E-08  -1.05700586E-06
.0265216301        3.16836369E-09  -4.7633993E-07
.0303139369        8.84184545E-10  -2.33152167E-07
.0335866444        4.4239192E-10   -1.35176125E-07
.0335220239        -4.52711288E-12 -7.00569461E-08
```

```
EIGENWERT =  .0335220239
EIGENVEKTOR
-1.3478906E-10
 1.13129871E-08
-2.78058382E-07
 4.62889915E-06
-5.86899728E-05
 5.86185996E-04
-4.63482501E-03
 0286435528
- 13420177
 450184065
- 966413356
 1
```

*) det(A-λI) = 39916800 p(λ)

```
STARTNAEHERUNG :
78
      LAMBDA           P(LAMBDA)        DP(LAMBDA)
   72. 1888093     3. 90372051E+14   6. 71759148E+13
   66. 8799135     1. 37178816E+14   2. 5839425E+13
   62. 0343735     4. 81834691E+13   9. 9438801E+12
   57. 6171831     1. 69140247E+13   3. 82913645E+12
   53. 5971779     5. 93255457E+12   1. 4757579E+12
   49. 9470626     2. 07849183E+12   5. 6943184E+11
   46. 6436175     7. 27051139E+11   2. 20088759E+11
   43. 6681851     2. 53732634E+11   8. 52758852E+10
   41. 0076308     8. 82401556E+10   3. 31660792E+10
   38. 6561244     3. 05169422E+10   1. 29776138E+10
   36. 6183555     1. 04554536E+10   5. 13083384E+09
   34. 9150351     3. 5215032E+09    2. 06743444E+09
   33. 5904212     1. 1461298E+09    865255727
   32. 7115941     345263862         392868953
   32. 3100478     85301714          212433057
   32. 2316045     12104235          154305539
   32. 2288947     391310. 5         144402658
   32. 2288915     453. 75           144068444
   32. 2288915     1                 144068056



   EIGENWERT =  32. 2288915
   EIGENVEKTOR
    23288738. 3
    22566133. 9
    13917302. 3
    6483641. 68
    2396024. 76
    712282. 143
    169773. 398
    31901. 2574
    4572. 72683
    471. 507387
    31. 2288915
    1
```

2.9 BESTIMMUNG DER EIGENVEKTOREN EINER NICHTZERFALLENDEN DREIBANDMATRIX

Wie wir in 2.7 dargelegt haben, ist es unproblematisch, beliebige Eigenwerte
einer hermiteschen nichtzerfallenden Tridiagonalmatrix A mit sehr hoher Genauigkeit zu bestimmen. Wir gehen im folgenden davon aus, daß eine Eigen-

wertnäherung μ für einen Eigenwert λ_j gefunden ist mit

$$|\mu-\lambda_j| \leqq \varepsilon \ c||A||_2 = \delta$$

wobei c in der Größenordnung von 1 liegt. Dann wird die Matrix $A-\mu I$ numerisch fast singulär und es ist äußerst schnelle Konvergenz des Wielandt-
verfahrens zu erwarten, falls ein geeigneter Startvektor gewählt wird.
Bei der Auflösung des Gleichungssystems

$$(A-\mu I)y^{k+1} = x^k$$

muß man natürlich den Gauß'schen Algorithmus mit Zeilenvertauschung anwenden:

$$P(A-\mu I) = LR.$$

Dabei ist P die Zeilenpermutationsmatrix, L eine untere Dreiecksmatrix
mit Diagonale $1,\ldots,1$, die in jeder Spalte unterhalb der Diagonalen höchstens ein Element $\neq 0$ besitzt und R eine obere Dreicksmatrix, bei der noch
die ersten beiden Superdiagonalen besetzt sein können. Da vorausgesetzt
wurde, daß A nicht zerfällt, ist diese Dreieckszerlegung immer zu Ende
durchführbar, auch bei exakter Rechnung mit $\mu=\lambda_j$. Im letzteren Fall ist
dann $r_{nn} =0$. Wenn, wie angenommen, μ eine sehr gute Eigenwertnäherung ist,
wird r_{nn} "sehr klein".
Wir erhalten die Iterationsvorschrift

$$LRy^{k+1} = Px^k$$

d.h.

$$Ry^{k+1} = L^{-1}Px^k.$$

Es ist aber $||P||_2 = 1$, $||L^{-1}||_2 \leqq \sqrt{2n}$, d.h. mit $||x^k||_2 = 1$

$$||Ry^{k+1}||_2 \leqq \sqrt{2n}$$

Andererseits soll wegen unserer Annahme über μ

$$||y^{k+1}||_2 \geqq \frac{1}{\varepsilon c||A||_2}$$

werden. Eine gute Startnäherung x^0 hat also notwendig die Eigenschaft $\| y^1 \|_2$ sehr groß zu machen. Dies wird dann der Fall sein, wenn man x^0 so wählt, daß die k-te-Komponente von $L^{-1}Px^0 \approx 1$ wird, wo k definiert ist durch

$$|r_{kk}| = \min \{|r_{ii}| : i = 1,\ldots,n\} .$$

Normalerweise (wenn kein Subdiagonalelement von A allzu klein ist) ist natürlich $k = n$, weil $|r_{ii}| \geq |\beta_i|$, $i = 1,\ldots,n-1$.

Dies führt auf folgenden Algorithmus zur (impliziten) Startvektorwahl.

1. Bestimme k mit $|r_{kk}| = \min \{ |r_{ii}| : 1 \leq i \leq n\}$, k minimal

2. Löse $Ry^1 = e^k r_{kk}$ $((y^1)_k := 1$ falls $r_{kk} = 0)$

(dies entspricht der Wahl $x^0 = P^T L e^k r_{kk}$, also x^0 nicht normiert). Es gilt dafür

<u>S</u>ATZ 2.9.1.- Sei A eine hermitesche, nichtzerfallende Tridiagonalmatrix mit den Eigenwerten $\lambda_n < \ldots < \lambda_1$ und den normierten Eigenvektoren u^j. μ sei eine Eigenwertnäherung mit

$$| \mu - \lambda_j | \leq \varepsilon c \|A\|_2 =: \delta$$

δ sei klein im Sinne von $\delta \leq \frac{1}{2} \min \{\lambda_j - \lambda_{j+1}, \lambda_{j-1} - \lambda_j\} =: \sigma$.

$P(A-\mu I) = LR$ sei eine mit Spaltenpivotsuche berechnete Dreieckszerlegung. Dann gilt für mindestens eine der Lösungen z^i von

(2.9-1) $\qquad Rz^i = r_{ii} e^i$, $i = 1,\ldots,n$ $((z^i)_i = 1$ falls $r_{ii} = 0)$

daß

(2.9-2) $\qquad \dfrac{z^j}{\|z^j\|} = \theta_j u^j + d^j$ mit $|\theta_j| = 1, \|d^j\| \leq n^3 \delta/\sigma$.

Falls δ hinreichend klein ist, kann stets $i=n$ gewählt werden.

Vergleicht man die Aussage über die Güte von z^i mit den Resultaten aus der Sensitivitätsanalyse für Eigenvektoren, so erkennt man, daß z^i praktisch schon optimal genau ist. (Der Faktor n^3 in der Abschätzung für d^i

entsteht aus einer Reihe sicher sehr pessimistischer Normabschätzungen.
Er wird in der Praxis allenfalls die Größenordnung n haben.)
Der auf der vorhergehenden Seite angegebene vereinfachte Algorithmus liefert also schon in der Regel einen Vektor y^1, der als Eigenvektornäherung schon genügend genau ist. Wenn man in der Praxis die Eigenwertnäherung bereits auf Maschinengenauigkeit bestimmt hat, begnügt man sich tatsächlich mit dieser sehr rudimentären Form der Wielandtiteration.

2.10 BESTIMMUNG DER EIGENVEKTOREN EINER NICHTZERFALLENDEN HESSENBERGMATRIX

Hier geht man genauso vor wie bei Tridiagonalmatrizen. Wenn eine Eigenwertnäherung μ "bis auf Maschinengenauigkeit" bestimmt ist, berechnet man die Dreieckszerlegung

$$P(A-\mu I) = LR$$

mit Spaltenpivotsuche. Sei k definiert durch

$$|r_{kk}| = \min \ \{|r_{ii}| \ : \ i = 1,\ldots,n\}$$

und

$$Ry^1 = r_{kk}e^k \qquad ((y^1)_k = 1 \text{ falls } r_{kk} = 0)$$
$$x^1 := y^1/\| y^1 \| .$$

Man kann nun zeigen, daß x^1 _immer_ als Startvektor für die Wielandtiteration geeignet ist. Wenn A diagonalähnlich und das Eigensystem nicht zu schlecht konditioniert ist, ist bereits x^1 ein hinreichend genau bestimmter Eigenvektor. Aber selbst wenn μ keine extrem genaue Eigenwertnäherung war, genügen von diesem Startvektor aus einige wenige Wielandt-Schritte an der Matrix $A-\mu I$.

BEISPIEL2.10.1.-

Wir untersuchen die Methode am gleichen Beispiel wie in 2.8. Zunächst
wählen wir als µ   den korrekt gerundeten größten Eigenwert. Hier wird
kein Pivotelement wirklich "klein" und ein unerfahrener Anwender würde sicher aus dem letzten Pivotelelement -.129... ablesen, daß die Eigenwertnäherung nicht genau genug sei (det(A-µI) = $2.77_{10}7$(!)).Tatsächlich ist
aber auch die Eigenvektor-Näherung x^1 auf Maschinengenauigkeit korrekt.


```
MY= 32.2288915
Pivot 1: -20. 2288915
Pivot 2: -15. 2473477
Pivot 3: -12. 1040047
Pivot 4:- 9. 76131708
Pivot 5:- 7. 86128283
Pivot 6:- 6. 24323655
Pivot 7:   5
Pivot 8:   4
Pivot 9:   3
Pivot 10: 2
Pivot 11: 1
Pivot 12:-. 129767694
EIGENVEKTORNÄHERUNG
  1    23288737.4
  2    22566133.1
  3    13917301.8
  4    6483641.46
  5    2396024.68
  6    712282.12
  7    169773.398
  8    31901.2574
  9    4572.72682
 10    471.507387
 11    31.2288915
 12    1
```

> 5 mal Zeilentausch

Zur Bestimmung eines Eigenvektors zum kleinsten Eigenwert benutzen wir zunächst eine auf 6 Stellen genaue Näherung µ. Das letzte Pivotelement wird
extrem klein. Die Eigenvektornäherung ist 6 Stellen genau.
Aber auch eine viel größere, mit einem Fehler von 10^{-3} behaftete Eigenwertnäherung µ liefert auf die beschriebene Art noch eine sehr gute Eigenvektornäherung.

```
MY= .031028                        MY= .0301
PIVOT 1:   11. 968972              PIVOT 1:   11.9699
PIVOT 2:   10                      PIVOT 2:   10    ⎫
PIVOT 3:   9                       PIVOT 3:   9     ⎪
PIVOT 4:   8                       PIVOT 4:   8     ⎪
PIVOT 5:   7                       PIVOT 5:   7     ⎪
PIVOT 6:   6                       PIVOT 6:   6     ⎬  10 mal
PIVOT 7:   5                       PIVOT 7:   5     ⎪  Zeilentausch
PIVOT 8:   4                       PIVOT 8:   4     ⎪
PIVOT 9:   3                       PIVOT 9:   3     ⎪
PIVOT 10:  2                       PIVOT 10:  2     ⎪
PIVOT 11:  1                       PIVOT 11:  1     ⎭
PIVOT 12:  6. 72177518E-15         PIVOT 12:  1. 10291175E-10


EIGENVEKTORNÄHERUNG                EIGENVEKTORNÄHERUNG
 1      -6. 22491271E-10            1      -7. 97505108E-10
 2       1. 86730176E-08            2       2. 1699816E-08
 3      -3. 70950956E-07            3      -4. 07764067E-07
 4       5. 57000749E-06            4       5. 93211735E-06
 5      -6. 63399031E-05            5      -6. 92249076E-05
 6       6. 35595294E-04            6       6. 5396664E-04
 7      -4. 8825122E-03             7      -4. 97369124E-03
 8       . 0295683203               8       . 0299064302
 9      -. 136596425                9      -. 137468132
10       . 453939368               10       . 455303005
11      -. 968972                  11      -. 9699
12      1                          12      1
```

Die sonst sehr schwierige Wahl eines geeigneten Startvektors für das Wielandtverfahren wird auf diese Art völlig unproblematisch automatisiert.

2.11 DAS QR- BZW. QL-VERFAHREN

Das im folgenden beschriebene Verfahren wird vor allem dann eingesetzt,
wenn es gilt, alle Eigenwerte und eventuell sogar auch alle Eigenvektoren
einer Matrix zu bestimmen. Aus Aufwandsgründen führt man dieses Verfahren
nur an Hessenberg- bzw. hermiteschen Bandmatrizen durch.

Diese Matrix-Formen sind invariant gegenüber der im Algorithmus definierten Ähnlichkeitstransformation. In der folgenden Darstellung betrachten
wir jedoch den allgemeinen Fall und gehen auf rechentechnische Besonder-
heiten erst später ein.

Wesentliche Hilfsmittel zum Verständnis des Verfahrens sind der Satz von Schur (Satz 2.2.1), das Verfahren von Wielandt mit variablen Eigenwertverschiebungen und die in 2.9 bzw. 2.10 diskutierte Wahl eines Startvektors für das Wielandtverfahren.

Wir beginnen die Diskussion des Verfahrens mit einigen Umformulierungen von in diesem Text bereits diskutierten Ergebnissen.

<u>SATZ 2.11.1.</u>- Zu jeder $n \times n$-Matrix A existiert eine unitäre $n \times n$-Matrix Q und eine untere Dreiecksmatrix L, so daß

$$A = QL$$

BEWEIS.-
Anwendungen der Householder-Transformation auf die Spalten von A in der Reihenfolge $n, n-1, \ldots, 1$. Es werden nicht die Elemente unter, sondern die über der Diagonale annulliert. $\quad\rfloor$

<u>SATZ 2.11.2.</u>- Sei A eine beliebige $n \times n$-Matrix, y Links-Eigenvektor von A zum Eigenwert λ und Q unitär mit

$$Qe^1 = \theta \, \frac{1}{\|y\|_2} \, y \ , \quad |\theta| = 1.$$

Dann ist

$$(2.11\text{-}1) \quad Q^H A Q = \left[\begin{array}{c|c} \lambda & 0\ldots0 \\ \hline b & \tilde{A} \end{array} \right]$$

Beweis.-
Setze $\alpha = \theta / \|y\|_2$.

$$(e^1)^T Q^H A Q = \alpha \, y^H A Q = \alpha \lambda \, y^H Q = \lambda (e^1)^T \ . \rfloor$$

Wir nehmen nun zunächst einmal an, μ_0 sei eine "gute" Näherung für einen Eigenwert λ von A. Dann wird in der Zerlegung

$$A - \mu_0 I = Q_0 L_0$$

mindestens ein Diagonalelement von L_0 "klein". Ist A eine untere Hessenberg-matrix mit nicht verschwindenden Superdiagonalelementen, dann handelt es sich dabei um das erste Diagonalelement $\ell_{11}^{(o)}$. Wir nehmen im folgenden also an, daß $\ell_{11}^{(o)}$ "klein" ist. Dann ist

$$(e^1)^T L_0 = \ell_{11}^{(o)}(e^1)^T \approx 0$$

d.h.

$$(e^1)^T Q_0^H (A-\mu_0 I) = \ell_{11}^{(o)}(e^1)^T \approx 0$$

also ist $y^0 := Q_0 e^1$ ein approximativer Linkseigenvektor von $A-\mu_0 I$ und $R(y^0;A-\mu_0 I)$ eine gute Schätzung für einen Eigenwert. Nach Satz 2.11.2 wird also

$$Q_0^H (A-\mu_0 I) Q_0 \approx \left[\begin{array}{c|c} \lambda-\mu_0 & 0 \ \ldots \ 0 \\ \hline b & A-\mu_0 I \end{array} \right] \quad .$$

Man errechnet aber

$$Q_0^H (A-\mu_0 I) Q_0 = Q_0^H A Q_0 - \mu_0 I = L_0 Q_0 .$$

Man erhält also die Ähnlichkeitstransformation $A_0 := A \longmapsto A_1$ mit

$$A_1 = Q_0^H A Q_0 \approx \left[\begin{array}{c|c} \lambda & 0\ldots0 \\ \hline b & A \end{array} \right]$$

indem man die beiden Faktoren der QL-Zerlegung in umgekehrter Reihenfolge miteinander multipliziert und μ_0 in der Diagonalen addiert. A_1 hat nun "fast schon" die erwünschte Gestalt einer 2x2 Block-Dreiecksmatrix. Offenbar ist

$$\mu_1 = a_{11}^{(1)} = (e^1)^T Q_0^H A Q_0 e^1 = R(y^0;A)$$

eine gute Eigenwertschätzung für A. Naheliegend ist es, den Vorgang zu wiederholen:

$$A_1 - \mu_1 I = Q_1 L_1$$

$$A_2 \quad = L_1 Q_1 + \mu_1 I .$$

Dann wird

$$A_2 = Q_1^H A_1 Q_1 = Q_1^H Q_0^H A Q_0 Q_1$$

und

$$(e^1)^T Q_1^H (A_1 - \mu_1 I) = (e^1)^T Q_1^H (Q_0^H A Q_0 - \mu_1 I)$$

$$= (e^1)^T Q_1^H Q_0^H (A - \mu_1 I) Q_0 = \ell_{11}^{(1)} (e^1)^T = \ell_{11}^{(1)} (y^{(0)})^H Q_0 .$$

So, wie y^0 aufgefaßt werden kann als Ergebnis eines Wielandtschrittes mit Shift μ_0 und Startvektor $\ell_{11}^{(0)} (e^1)^T$, so ist offenbar $y^1 := Q_0 Q_1 e^1$ das Ergebnis eines weiteren Wielandtschrittes, jetzt aber mit verbessertem Shift μ_1.

DEFINIEREN WIR ALSO DEN QL-ALGORITHMUS DURCH :

Setze $A_0 := A$. Für $k = 0, 1, \ldots$.

1. Wähle μ_k

2. Zerlege $A_k - \mu_k I = Q_k L_k$

3. Berechne $A_{k+1} = L_k Q_k + \mu_k I$,

dann ist jedes A_k eine unitäre Ähnlichkeitstransformierte von $A_0 = A$ und die erste Spalte von $Q_0 \ldots Q_k$ eine mit dem Wielandt-Verfahren und den Shifts $\mu_0, \ldots, \mu_k$ berechnete Linkseigenvektornäherung für A.

Sind die Shifts gut gewählt, dann ist zu erwarten, daß diese Eigenvektornäherung sehr schnell konvergiert und gemäß Satz 2.11.2 A_k sehr schnell zerfällt, indem die $a_{12}^{(k)}, \ldots, a_{1n}^{(k)}$ sehr schnell gegen Null konvergieren. Als erstes Resultat halten wir fest

<u>SATZ 2.11.3.-</u>

Seien die Folgen $\{A_k\}$, $\{Q_k\}$, $\{L_k\}$ durch obigen Algorithmus definiert. Man setze

$$\hat{Q}_k = Q_0 \cdots Q_k \quad , \quad \hat{L}_k = L_k \cdots L_0.$$

Dann gilt:

$$(A - \mu_k I) \cdots (A - \mu_0 I) = \hat{Q}_k \hat{L}_k$$

$$(2.11\text{-}2) \qquad \hat{Q}_k e_1 = (A^H - \bar{\mu}_k I)^{-1} \cdots (A^H - \bar{\mu}_0 I)^{-1} e_1 / \tau_k, \ \tau_k \in \mathbb{R}_+ \ ,$$

$$(2.11\text{-}3) \qquad a_{11}^{(k)} = R(\hat{Q}_{k-1} e_1; A) \ \rfloor$$

<u>BEMERKUNG 2.11.1.-</u>

Wir ziehen den QL-Algorithmus dem QR-Algorithmus vor, der ganz analog mit Hilfe der QR-Zerlegung A = QR, R <u>obere</u> Dreiecksmatrix, definiert wird, weil in den Anwendungen häufig Matrizen auftreten, bei denen die ELemente ein allmähliches Wachstum aufweisen und die kleinsten Elemente von Anfang an in der linken oberen Ecke stehen, z.B.

$$A = \begin{bmatrix} 1 & 1 & & & \\ 1 & 10^3 & 10^2 & & \\ & 10^2 & 10^6 & 10^5 & \\ & & 10^5 & 10^9 & 10^8 \\ & & & 10^8 & 10^{12} \end{bmatrix}$$

Zur sinnvollen Anwendung des QR-Algorithmus müßte man eine solche Matrix erst einer symmetrischen Zeilen/Spaltenpermutation unterwerfen, um die kleinen Elemente in die rechte untere Ecke zu bekommen. Solche Matrizen treten insbesondere dann auf, wenn man das allgemeine Eigenwertproblem $Ax = \lambda Bx$ mittels der Cholesky-Zerlegung von B auf das spezielle Problem $L^{-1} A L^{-T} y = \lambda y$ transformiert. $\rfloor$

Zur sinnvollen Anwendung des QL-Algorithmus' bleibt neben den rechentechnischen Details das Problem der Wahl der Shifts μ_k zu lösen. Es ist eine naheliegende Idee, zunächst $\mu_k \equiv 0$ zu wählen, wenn man keine bessere Information besitzt. Dann entspricht das Verfahren jedenfalls dem Wielandt-Verfahren zur Berechnung eines Linkseigenvektors zum betragskleinsten Eigen-

wert von A mit Startvektor e^1, sodaß man die Konvergenzaussage für dieses
Verfahren benutzen kann, d.h.

SATZ 2.11.4.-
Es sei A eine nichtzerfallende untere Hessenberg-Matrix und es liege nur
ein Eigenwert kleinsten Betrages vor. Dann gilt für $\mu_k \equiv 0$:

$$a_{1,2}^{(k)} \longrightarrow 0. \qquad \rfloor$$

Weiterhin kennt man folgende Konvergenzaussagen

SATZ 2.11.5.-
Sei A eine beliebige diagonalähnliche n×n-Matrix und alle n Eigenwerte
seien betragsmäßig verschieden:

$$(2.11\text{-}4) \qquad |\lambda_n| < |\lambda_{n-1}| < \ldots < |\lambda_1|.$$

Dann gilt mit $\mu_k \equiv 0$

$$(2.11\text{-}5) \qquad a_{ij}^{(k)} \longrightarrow 0 \quad \text{für } j > i$$

(d.h. A_k nimmt die Form einer unteren Dreiecksmatrix an).
Die Konvergenzgeschwindigkeit ist linear, wie $q^k \longrightarrow 0$ mit

$$q = \max \left\{ \left| \frac{\lambda_{i+1}}{\lambda_i} \right| \right\}. \text{ Gilt nur}$$

$$(2.11\text{-}6) \qquad |\lambda_n| \lesseqgtr |\lambda_{n-1}| < |\lambda_{n-2}| \lesseqgtr |\lambda_{n-3}| < \ldots$$

(d.h. betragsgleiche Eigenwerte treten höchstens zu zweien auf),
dann gilt noch

$$(2.11\text{-}7) \quad
\begin{aligned}
a_{1i}^{(k)} &\longrightarrow 0, \; a_{2i}^{(k)} \longrightarrow 0 \qquad i \geq 3 \\
a_{3i}^{(k)} &\longrightarrow 0, \; a_{4i}^{(k)} \longrightarrow 0 \qquad i \geq 5
\end{aligned}$$

----

d.h. A_k nimmt die Form einer linken unteren Block-Dreiecksmatrix an mit
2×2 Blöcken längs der Diagonalen. $\rfloor$

<u>BEMERKUNG 2.11.2.-</u>

Die in (2.11-6) beschriebene Situation ist für eine reelle Matrix, bei der
komplexe Eigenwerte ja nur konjugiert komplex auftreten können, durch einen
<u>reellen</u> Shift immer herstellbar, sofern keine mehrfachen Eigenwerte vor-
liegen, vergleiche Skizze.

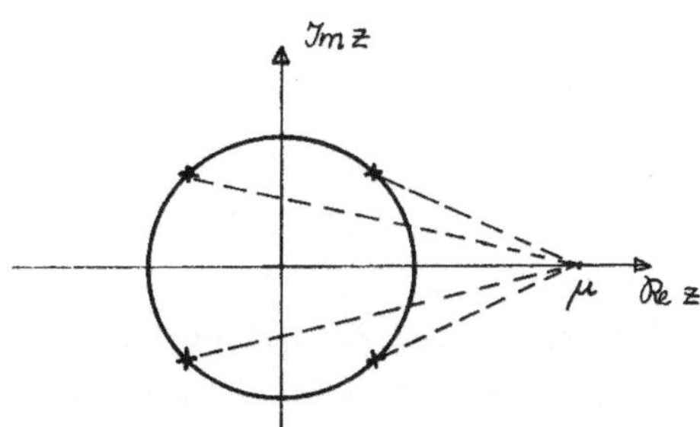

Mehrfache Eigenwerte werden beim praktischen Rechnen durch eingeschleppte
Rundungsfehler immer in cluster einfacher Eigenwerte überführt.
Tritt also nach einer Reihe von QL-Schritten Konvergenz nicht einmal im
Sinne von (2.11-7) ein, dann wird man die Ausgangsmatrix mit Hilfe eines
"Ausnahmeshifts" (z.B. $\mu = ||A||$, oder vorsichtiger $\mu = 2(|a_{1,2}|+|a_{2,3}|)$
(für eine untere Hessenbergmatrix)) abändern. So ist z.B. die Matrix mit
den vier Eigenwerten $\exp(\frac{1}{2}\pi ir)$, $r = 0,1,2,3$

$$A = \begin{bmatrix} 0 & 1 & 0 & 0 \\ 0 & 0 & 1 & 0 \\ 0 & 0 & 0 & 1 \\ 1 & 0 & 0 & 0 \end{bmatrix}$$

invariant unter dem QL-Algorithmus, während nach dem angegebenen Sondershift
schnelle Konvergenz eintritt.⌋

Für eine hermitesche Matrix ist wegen Satz 2.5.2 und (2.11-3) die Shift-
Technik

$$\mu_k := a_{11}^{(k)}$$

naheliegend und führt in der Regel auch zu guten Ergebnissen. Man beachte
aber die in Satz 2.5.2 angesprochenen Spezialfälle, z.B. $A = \begin{bmatrix} 0 & 1 \\ 1 & 0 \end{bmatrix}$ (!).

Noch günstigere Ergebnisse erhält man mit der von Wilkinson angegebenen
Shift-Technik, die von der in (2.11-7) beschriebenen Situation ausgeht,
vergleiche Bemerkung 2.11.2. Als Shift μ_k wird derjenige Eigenwert der 2×2-
Matrix

$$(2.11\text{-}8) \qquad \begin{bmatrix} a_{11}^{(k)} & a_{12}^{(k)} \\[2mm] a_{21}^{(k)} & a_{22}^{(k)} \end{bmatrix}$$

gewählt, der näher bei $a_{11}^{(k)}$ liegt. Im Falle $a_{11}^{(k)} = a_{22}^{(k)}$
nimmt man bei reellen Eigenwerten den kleineren.
(Im nichthermiteschen Fall kann diese 2×2-Matrix natürlich auch komplexe
Eigenwerte haben, insbesondere wenn A selbst komplexe Eigenwerte besitzt,
vergleiche dazu unten).
Für diese Shift-Technik gilt

SATZ 2.11.6.-

Es sei A_0 =A eine nichtzerfallende hermitesche Tridiagonalmatrix

$$A_k = \begin{bmatrix} \alpha_1^{(k)} & \beta_1^{(k)} & & & 0 \\ \bar{\beta}_1^{(k)} & \alpha_2^{(k)} & & & \\ & & \ddots & & \beta_{n-1}^{(k)} \\ & & & \bar{\beta}_{n-1}^{(k)} & \alpha_n^{(k)} \\ 0 & & & & \end{bmatrix}$$

werde mit dem QL-Algorithmus berechnet, wobei für <u>alle k</u> der Shift μ_k nach
Wilkinson gewählt sei. Dann gilt:

$$(2.11\text{-}9) \qquad \beta_1^{(k)} \longrightarrow 0$$

(d.h. es tritt <u>immer</u> Konvergenz ein).
Falls auch $\beta_2^{(k)} \to 0$, $\beta_3^{(k)} \to 0$, $\alpha_i^{(k)} \to \lambda_{n+1-i}$, $i=1,2,3$,
dann gilt sogar

$$(2.11\text{-}10) \qquad \left| \frac{\beta_1^{(k+1)}}{(\beta_1^{(k)})^3 (\beta_2^{(k)})^2} \right| \longrightarrow \frac{1}{|\lambda_{n-1} - \lambda_n|^3 |\lambda_{n-2} - \lambda_n|} = c > 0$$

(d.h. die Konvergenz ist schneller als kubisch).

Man kann für beliebige hermitesche Matrizen eine Übertragung der Wilkin-son'schen Shift-Technik angeben, die zu globaler Konvergenz führt, ver-gleiche [8].

Im hermiteschen Fall hat man also in der Verbindung von Householder-Transformation auf Tridiagonalgestalt und QL-Algorithmus mit Wilkinson-Shift eine äußerst effizienten Algorithmus *), um alle Eigenwerte und Eigenvektoren zu bestimmen. Die Eigenwerte bilden sich im Laufe der Rech-nung in der Diagonalen heraus, falls die obige explizite Shifttechnik an-gewendet wird; allerdings nicht in einer vorgebbaren Anordnung. Falls letzteres zwingend benötigt wird, muß man eine andere Shifttechnik be-nutzen, vergleiche [8].

Sobald bei der Bestimmung des ℓ-ten Eigenwertes $|\beta_\ell^{(k)}|$ hinreichend klein geworden ist, etwa wie $|\beta_\ell^{(k)}| \leq \epsilon ||A||$, wird $\alpha_\ell^{(k)}$ als Eigenwert akzeptiert. Man braucht dann in den folgenden Schritten jeweils nur noch die rechte untere Restmatrix der Dimension $n-\ell$ zu behandeln. Die Akkumulation aller angewandten unitären Ähnlichkeitstransformationen ergibt die Eigenvektor-matrix.

Im nichthermiteschen Fall hat man keine vergleichbar starken Konvergenz-aussagen. Hier geht man so vor, daß man zunächst mit $\mu_k = 0$ arbeitet, bis sich in den Eigenwerten der 2×2 Untermatrix (2.11-8) eine gewisse Konver-genz einstellt. Danach arbeitet man mit den Wilkinson'schen Shifts. Wenn diese komplex ausfallen, sind die Eigenwerte von (2.11-8) für reelles A konjugiert komplex. Man nimmt dann beide Eigenwerte als zwei aufeinander-folgende Shifts. Für die Effizienz des Verfahrens ist es wesentlich, daß man die beiden Teilschritte so kombinieren kann, daß die Rechnung ganz im

---

*) im Durchschnitt benötigt man zwei QL-Schritte pro Eigenwert.

Reellen verläuft und zwar mit Hilfe der sogenannten impliziten Doppel-
shift-Technik, vergleiche [11] , [15]. In Verbindung mit der Technik der
Ausnahme-Shifts (vergleiche Bemerkung 2.11.2) hat man damit ein Verfahren,
mit dem man praktisch jedes (spezielle) Matrix-Eigenwertproblem $Ax = \lambda x$
erfolgreich lösen kann.

Wenn mehrere größere cluster von Eigenwerten auftreten, die alle fast
betragsgleich sind, vergleiche Skizze (siehe unten),dann kann
sich die Konvergenz allerdings im nichthermiteschen Fall stark verlang-
samen. Man muß deshalb bei den Abbrechkriterien für das Verfahren Vorsicht
walten lassen.

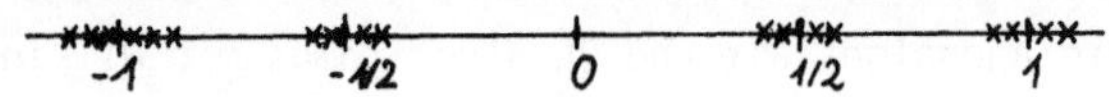

BEMERKUNG 2.11.3.-

Ein historischer Vorläufer des QL-bzw. QR-Verfahrens ist das LR-Verfahren
von Rutishauser, das völlig analog definiert ist mit der üblichen Dreieckszerlegung A =LR einer Matrix. Da diese Zerlegung aber nicht immer möglich ist (für die Version mit zusätzlichem Zeilentausch in A gibt es keinen Konvergenzbeweis) und auch keine so gute Stabilitätseigenschaft hat,
verzichten wir hier auf eine Darstellung.

BEMERKUNG 2.11.4-

Es gibt eine Übertragung des QL-bzw. QR-Algorithmus' auf das allgemeine
Eigenwertproblem

$$Ax = \lambda Bx,$$

bei dem keine <u>Transformation auf das spezielle Eigenwertproblem</u> benutzt
wird und noch nicht einmal die Invertierbarkeit von B benötigt wird
(QZ-Verfahren von Stewart und Moler [7]). Dieses Verfahren ist allerdings
sehr speicheraufwendig (es benötigt mindestens $3n^2$ Speicherplätze) und
kann deshalb für großes n (etwa n > 200) kaum sinnvoll angewendet werden.

Wir beschließen diesen Abschnitt mit einigen Bemerkungen zur Rechentechnik beim QL-Verfahren. Zunächst

SATZ 2.11.7.-

Sei $A_0 = A$ und die Matrizenfolge $\{A_k\}$ durch das QL-Verfahren definiert. Ist dann A_0 eine untere Hessenbergmatrix, dann auch A_k (für jedes k). Ist A_0 eine hermitesche Bandmatrix der Gesamtbreite 2m+1, dann auch A_k.

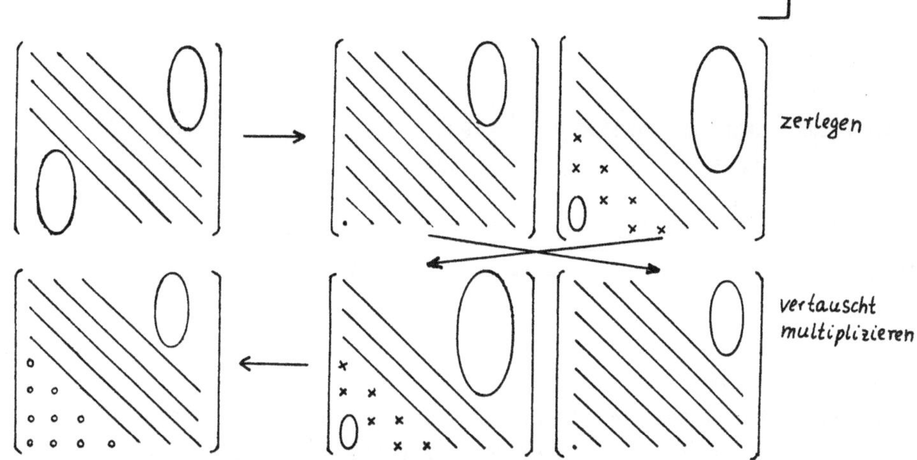

In der oben   stehenden Skizze bedeuten x zusätzliche Elemente $\neq 0$ und • Elemente in A_{k+1}, die durch Auslöschung bei der Produktbildung wieder zu null werden.

Man wird in der Praxis den QL-Algorithmus nur auf Hessenberg- oder Bandmatrizen anwenden. In diesen Fällen stellt man die QL-Zerlegung zweckmäßig nicht durch Householder-Transformationen, sondern durch Givens-Transformationen (2.6-1) her. Dabei geht man spaltenweise von hinten nach vorne und von oben nach unten.

Um das Produkt $L_k Q_k$ in umgekehrter Reihenfolge zu bilden, muß man nicht warten, bis die QL-Zerlegung fertig ausgeführt ist. Man kann vielmehr die Givens-Rotationen, die die QL-Zerlegung spaltenweise erzeugen, mit einer gewissen zeitlichen Verzögerung schon wieder "von rechts" anwenden, z.B. bei einer Dreibandmatrix nach dem Schema (n=6)(Skizze siehe nächste Seite)

```
××                     ××                       ××
×××      Ω5,6          ×××       Ω4,5           ×××
 ×××     —>             ×××      —>              ×××
  ×××    von links       ×××     von links        θθ0
   ×××                    θθ0                    +θθ0
    ××                    +θθ                      +θθ


             ××                        ××                        ××
Ω5,6        ×××       Ω3,4            ×××       Ω4,5            ×××
—>           ×××      —>              θθ0       —>              θθ0
von rechts   θθ0      von links      +θθ0       von rechts     +θθ*    usw.
             +θθ*                     +θθ*                      +θ**
              +θ*                      +θ*                       0**
```

In der Skizze bedeuten × Elemente von A_k, * fertige Elemente von A_{k+1}, + erzeugte Elemente $\neq 0$ in der zweiten Subdiagonalen von L_k, o erzeugte Null-Elemente und θ Zwischengrößen.
Zugleich ist es möglich, die arithmetischen Operationen durch geschickte Kombination der Einzelschritte etwa zu halbieren und sogar die lästige Berechnung der Quadratwurzeln bei der Aufstellung der Givens-Rotationen ganz zu vermeiden, vergleiche [8].

Im folgenden geben wir zunächst ein einfaches Demonstrationsbeispiel für den QL-Algorithmus.

BEISPIEL 2.11.1.-

$$A = \begin{pmatrix} 10 & 1 & 0 \\ 1 & 20 & 2 \\ 0 & 2 & 30 \end{pmatrix} \qquad \mu_0=10;\ \lambda_3 \in [9,11],\ \lambda_2 \in [17,23],$$
$$\lambda_1 \in [28,32] \text{ nach Gerschgorin}$$

$$A-\mu_0 I = \begin{pmatrix} 0 & 1 & 0 \\ 1 & 10 & 2 \\ 0 & 2 & 20 \end{pmatrix} \quad \Omega_{2,3} = \begin{pmatrix} 1 & 0 & 0 \\ 0 & -20\nu_1 & +2\nu_1 \\ 0 & +2\nu_1 & +20\nu_1 \end{pmatrix} \quad \nu_1 = \frac{1}{\sqrt{404}}$$

$$\Omega_{2,3}(A-\mu_0 I) = \begin{bmatrix} 0 & 1 & 0 \\ -20\nu_1 & -196\nu_1 & 0 \\ 2\nu_1 & 60\nu_1 & \dfrac{1}{\nu_1} \end{bmatrix} \qquad \Omega_{1,2} = \begin{bmatrix} +196\nu_1\nu_2 & \nu_2 & 0 \\ \nu_2 & -196\nu_1\nu_2 & 0 \\ 0 & 0 & 1 \end{bmatrix}$$

$$\nu_2 = \frac{1}{\sqrt{1+(196\nu_1)^2}} = 0.10201473$$

$$\Omega_{1,2}\Omega_{2,3}(A-\mu_0 I) = \begin{bmatrix} -20\nu_1\nu_2 & 0 & 0 \\ 3920\nu_1^2\nu_2 & \dfrac{1}{\nu_2} & 0 \\ 2\nu_1 & 60\nu_1 & \dfrac{1}{\nu_1} \end{bmatrix} = L$$

$$L\Omega_{2,3} = \begin{bmatrix} -20\nu_1\nu_2 & 0 & 0 \\ 3920\nu_2\nu_1^2 & -20\nu_1/\nu_2 & 2\nu_1/\nu_2 \\ 2\nu_1 & -1200\nu_1^2+2 & 180\nu_1^2+20 \end{bmatrix}$$

$$L\Omega_{2,3}\Omega_{1,2} = \begin{bmatrix} -3920\nu_1^2\nu_2^2 & , & -20\nu_1\nu_2^2 & , & 0 \\ 768320\nu_2^2\nu_1^3-20\nu_1 & , & 3920\nu_2^2\nu_1^2+3920\nu_1^2 & , & 2\nu_1/\nu_2 \\ 808\nu_1^2\nu_2+2\nu_2 & , & -390\nu_1\nu_2+235200\nu_1^3\nu_2 & , & 120\nu_1^2+20 \end{bmatrix} \begin{array}{l} \text{sym-} \\ \text{me-} \\ \text{trisch} \end{array}$$

$$= \begin{bmatrix} -0.10150845 & , & -1.0355357_{10}{-2} & , & 0 \\ -1.0355357_{10}{-2} & , & 9.8039491 & , & 0.9753858 \\ 0 & , & 0.9753858 & , & 20.297029 \end{bmatrix}$$

Für λ_3 hat man nun nach dem Kreissatz von Gerschgorin die Aussage

$$\lambda_3 \in [9.8984915 - 1.0355257_{10}{-2}, \; 9.8984915 + 1.0355357_{10}{-2}].$$

Man sieht die außerordentliche Wirksamkeit der QL-Transformation. An der
Formeldarstellung für LQ kann man erkennen, auf welch komplizierten Zusammenhang zwischen den einzelnen Koeffizienten die Erhaltung von Symmetrie
und Bandstruktur beruht.⌋

<u>BEISPIEL 2.11.2.-</u>
Als zweites wird das gleiche Beispiel wie in 2.5.4 betrachtet. Die Matrix
wird zunächst nach Householder auf Tridiagonalgestalt gebracht. Danach
wird auf die Dreibandmatrix der QL-Algorithmus mit der Wilkinson'schen
Shift-Strategie angewandt. Die Tridiagonalmatrix hat die Form

$$
T = \begin{pmatrix}
d_1 & e_2 & & & 0 \\
e_2 & d_2 & e_3 & & e_n \\
& & \ddots & \ddots & \\
0 & & & e_n & d_n
\end{pmatrix}
$$

Obwohl die exakte Ausgangsmatrix den doppelten Eigenwert 1000 besitzt, ist
das kleinste Nebendiagonalelement $-1.096_{10}-3$ (statt wie zu erwarten, 0).
Im QL-Algorithmus wird die Numerierung der Nebendiagonalelemente in
$e_1,\dots,e_{n-1}$ abgeändert. Obwohl ein doppelter und mehrere dicht benachbarte
Eigenwerte vorliegen, benötigt man nur 9 QL-Schritte, um alle Eigenwerte
zu finden. Die Eigenvektoren erhält man durch Akkumulation aller Einzel-
transformationen. Die Endgenauigkeit beträgt 9 Stellen in den betragsgrößten Eigenwerten, die absoluten Fehler in den Eigenwerten sind von
der Größenordnung 10^{-6}. Die Fehler in den Eigenvektoren sind von der
Größenordnung 10^{-7}, in den betragsgrößten Komponenten ist die Genauigkeit
sogar höher.

```
 611  196 -192  407   -8  -52  -49   29
 196  899  113 -192  -71  -43   -8  -44
-192  113  899  196   61   49    8   52
 407 -192  196  611    8   44   59  -23
  -8  -71   61    8  411 -599  208  208
 -52  -43   49   44 -599  411  208  208
 -49   -8    8   59  208  208   99 -911
  29  -44   52  -23  208  208 -911   99
TRIDIAGONALFORM
D[ 1 ]= 1000.02175        E[ 1 ]= 0
D[ 2 ]= 1020.02725        E[ 2 ]=-.659991421
D[ 3 ]= 1000.96632        E[ 3 ]=-1.09601852E-03
D[ 4 ]= 19.1169966        E[ 4 ]= 137.980983
D[ 5 ]= 1001.26133        E[ 5 ]= .723019386
D[ 6 ]=-10.5897813        E[ 6 ]=-27.7195922
D[ 7 ]=-89.8038623        E[ 7 ]= 326.929338
D[ 8 ]= 99                E[ 8 ]= 960.447292
```

```
EIGENWERT  1   SCHRITT  1
D[ 1 ]=-1.97529574E-08  E[ 1 ]= 2.38782829E-09
D[ 2 ]= 1.51012984     E[ 2 ]= 5.29113087
D[ 3 ]= 18.5388667     E[ 3 ]=-1.13915295E-03
D[ 4 ]= .966338189     E[ 4 ]= 137.98254
D[ 5 ]=-980.883046     E[ 5 ]=-.22821385
D[ 6 ]= 12.6605926     E[ 6 ]= 86.9947081
D[ 7 ]=-1052.8773      E[ 7 ]= 240.697886
D[ 8 ]=-1959.91558     E[ 8 ]= 0
EIGENWERT  2   SCHRITT  1
D[ 2 ]=-5.24393238E-09  E[ 2 ]=-1.49665755E-09
D[ 3 ]= 20.0489934     E[ 3 ]=-1.08841679E-03
D[ 4 ]= 19.9810855     E[ 4 ]=-2.81095021
D[ 5 ]=-999.772476     E[ 5 ]= 11.3109043
D[ 6 ]= 19.7848438     E[ 6 ]=-1.70543966
D[ 7 ]=-1015.36195     E[ 7 ]= 124.259917
D[ 8 ]=-2004.6805      E[ 8 ]= 0
EIGENWERT  3   SCHRITT  1
D[ 3 ]= 4.89882415E-06  E[ 3 ]= 1.03170069E-07
D[ 4 ]=-.0503942145    E[ 4 ]= .0115624137
D[ 5 ]=-.300481864     E[ 5 ]= 12.5637248
D[ 6 ]=-1019.79989     E[ 6 ]= .0188088843
D[ 7 ]=-1023.93128     E[ 7 ]= 62.8397223
D[ 8 ]=-2036.21202     E[ 8 ]= 0
EIGENWERT  4   SCHRITT  1
D[ 4 ]= 8.49256449E-04  E[ 4 ]=-1.02474132E-04
D[ 5 ]=-.0971991552    E[ 5 ]= 1.18905961E-03
D[ 6 ]=-1019.90484     E[ 6 ]= .0187789008
D[ 7 ]=-1020.96964     E[ 7 ]= 31.5090076
D[ 8 ]=-2039.07394     E[ 8 ]= 0
EIGENWERT  4   SCHRITT  2
D[ 4 ]= 1.55019142E-15  E[ 4 ]= 1.62016239E-18
D[ 5 ]=-.0980486244    E[ 5 ]= 1.14310173E-07
D[ 6 ]=-1019.90569     E[ 6 ]= .0187705067
D[ 7 ]=-1020.23998     E[ 7 ]= 15.7653606
D[ 8 ]=-2039.8053      E[ 8 ]= 0
EIGENWERT  6   SCHRITT  1
D[ 6 ]= 2.68111068E-03  E[ 6 ]=-5.49162365E-04
D[ 7 ]=-.0953618396    E[ 7 ]= 1.44580051E-03
D[ 8 ]=-1020.14439     E[ 8 ]= 0
EIGENWERT  6   SCHRITT  2
D[ 6 ]= 6.56825394E-14  E[ 6 ]= 3.67892314E-16
D[ 7 ]=-.0980491001    E[ 7 ]= 1.38957626E-07
D[ 8 ]=-1020.14707     E[ 8 ]= 0
LAMBDA[ 1 ] = -1020.04902            LAMBDA[ 2 ] = 2.04131356E-06

EIGENVEKTOR                          EIGENVEKTOR
 3.10016044E-03                      -.0447203473
 1.55008027E-03                      -.0894432251
 1.5500802E-03                        .0894432252
 3.10016053E-03                       .0447203472
 .316223967                          -.626099083
 .316223967                          -.626098983
-.632447934                          -.313049416
-.632447933                          -.313049617
```

```
LAMBDA[ 3 ] =  .0980511414        LAMBDA[ 6 ] =  1019.90195
EIGENVEKTOR                       EIGENVEKTOR
 .629377648                       -.0623204367
-.314688644                        .0311576706
 .314688644                       -.0311629654
-.629377648                        .062320899
-.0311593237                      -.314686601
 .0311613378                       .314686609
 .0623211649                       .629378665
-.0623201581                      -.62937867
LAMBDA[ 4 ] =  1000               LAMBDA[ 7 ] =  1020
EIGENVEKTOR                       EIGENVEKTOR
 .330248157                        .223614438
 .587527781                       -.447210049
-.660496318                       -.447209793
-.293763889                        .223613801
-.125628886                        .44721513
-.052660271                       -.447215174
-.0628144293                       .223603745
-.0263301493                      -.223603676
LAMBDA[ 5 ] =  1000               LAMBDA[ 8 ] =  1020.04902
EIGENVEKTOR                       EIGENVEKTOR
-.197322452                        .632445257
 .496800905                        .31622919
 .394644905                        .316229103
-.248400448                        .632445429
 .438426013                       -1.55569776E-03
-.453019728                       -1.54446274E-03
 .219213032                        3.09843915E-03
-.226509889                        3.10188177E-03
```

Im hermiteschen Fall bedeuten auch fast zusammenfallende oder mehrfache
Eigenwerte keine Schwierigkeit für das Verfahren.

So benötigt die Kombination der beiden Programme tred 2/tqℓ2
aus [16] zur Bestimmung aller Eigenwerte einer 16 × 16-Matrix mit den
Eigenwerten ± 1.002, ± 1.001, ± 0.999, ± 0.998, ± 0.9002, ± 0.9001, ± 0.8999,
± 0.8998 27 QL-Schritte und im Falle von 4-fachen Eigenwerten ± 1, ± 0.9
nur 17 QL-Schritte bei jeweils voller Genauigkeit von 9 Stellen in den
Eigenwerten.

2.12 DIE SIMULTANE (INVERSE) VEKTORITERATION FÜR ALLGEMEINE EIGENWERT-PROBLEME

In den Anwendungen tritt sehr häufig die Aufgabe auf, die p kleinsten (größten) Eigenwerte mit zugehörigen Eigenvektoren für allgemeine Eigenwertprobleme

$$Ax = \lambda Bx \ , \quad A,B \ n \times n \ \text{reell symmetrisch,}$$

sehr große Dimension n (n > 1000) zu bestimmen. Zunächst bietet sich hier die Bestimmung von guten Eigenwertnäherungen mit der Intervallhalbierungsmethode (2.7) und anschließende Wielandtiteration für die einzelnen Eigenvektoren an. Diese Vorgehensweise erfordert aber eine sehr große Zahl von Dreieckszerlegungen an Matrizen der Form A-μB, was man wegen des hohen Aufwands gerne vermeiden möchte. Außerdem ist zu befürchten, daß man sehr große Fehler in den Eigenvektoren bekommt (fast parallele Vektoren zu verschiedenen Eigenwerten (!)), wenn dicht benachbarte Eigenwerte auftreten, was häufig der Fall ist. Besser ist es, alle p Eigenwerte und Eigenvektoren in einer Simultaniteration zu bestimmen. Wir setzen im folgenden voraus, daß

$$A \quad \text{und} \quad B \quad \text{positiv definit}$$

sind. Für B trifft dies in der Praxis zu, für A läßt sich die Voraussetzung durch eine Spektralverschiebung mit B (A := A+μB) erreichen. Mit Hilfe der Cholesky-Zerlegung

$$B = LL^T$$

kann man das allgemeine Eigenwertproblem auf ein spezielles zurückführen, was aber nur implizit geschieht (die Matrix $L^{-1}AL^{-T}$ wird nicht explizit aufgestellt!).

Die Eigenvektoren y^i des transformierten Problems

$$L^{-1}AL^{-T}y^i = \lambda y^i$$

hängen mit den Eigenvektoren x^i des Ausgangsproblems zusammen gemäß

$$x^i = L^{-T} y^i.$$

Wir bestimmen deshalb die n × p-Matrix Y aus p Eigenvektornäherungen für das transformierte Problem und berechnen die eigentlich gesuchten Vektoren $X = L^{-T} Y$ erst zum Abschluß der Rechnung.

Da die Eigenvektoren eines speziellen symmetrischen Eigenwertproblems reellorthonormal gewählt werden können, gehen wir von einer Startnäherung Y_k (n × p-Matrix) aus, mit

$$Y_k^T Y_k = I_p.$$

Wir führen nun einen Schritt des Wielandt-Verfahrens durch (hier ist $\mu := 0$)

$$L^{-1} A L^{-T} \hat{Y}_{k+1} = Y_k$$

in folgenden Rechenschritten:

1. $Z_k := L Y_k$

2. $A W_k = Z_k$ (Gleichungssystem mit p rechten Seiten)

3. $\hat{Y}_{k+1} = L^T W_k.$

Ist auch A positiv definit, kann der Schritt 2. mit Hilfe der Cholesky-Zerlegung von A besonders effektiv durchgeführt werden.

Die Spalten von $\hat{Y}_{k+1}$ bilden in gewisser Weise verbesserte Eigenvektorapproximationen, aber es ist zunächst weder klar, in welcher Weise die einzelnen Spalten einzelnen Eigenwerten zuzuordnen sind, noch wie man die Eigenwertnäherungen gewinnen kann.

Wir wollen weiterhin mit orthonormalen Eigenvektornäherungen arbeiten, d.h. wir wollen von $\hat{Y}^{(k+1)}$ zu einer orthonormalen Basis $Y^{(k+1)}$ des von den Spalten von $\hat{Y}^{(k+1)}$ aufgespannten Raumes übergehen. Dies führt auf den Ansatz (F_{k+1}) zunächst unbekannt

$$Y_{k+1} = \hat{Y}_{k+1} F_{k+1}$$

$$Y_{k+1}^T Y_{k+1} = I_p.$$

Dabei soll F_{k+1} so gewählt werden, daß der minimale erreichbare Defekt
in der "Einsetzprobe"   *)

$$\|C^{-1} Y_{k+1} - Y_{k+1} H_{k+1}\|_2 \stackrel{!}{=} \min_{H_{k+1}} \qquad \text{auch bezüglich der Wahl}$$

von F_{k+1} möglichst klein wird.

Dies führt schließlich auf folgende Berechnungsvorschrift

$$Y_{k+1} = Q_{k+1} V_{k+1}$$

wobei Q_{k+1} Faktor der QR-Zerlegung

$$\hat{Y}_{k+1} = Q_{k+1} R_{k+1}$$

mit R_{k+1} obere Dreiecksmatrix, Q_{k+1} $n \times p$ orthonormal ist und V_{k+1} orthonormale Eigenvektormatrix von $Q_{k+1}^T C^{-1} Q_{k+1}$, also eine $p \times p$-Matrix. Die QR-
Zerlegung von $\hat{Y}_{k+1}$ kann man z.B. mit dem Householder-Verfahren finden.
Die Bestimmung von V_{k+1} erfordert die Lösung des vollständigen Eigenwert-
Eigenvektorproblems für die reellsymmetrische $p \times p$-Matrix $G_{k+1} = Q_{k+1}^T C^{-1} Q_{k+1}$,
wozu das QL-Verfahren bestens geeignet ist. Die p Eigenwerte von G_{k+1}
stellen zugleich Näherungen für die Reziprokwerte der p kleinsten Eigenwerte des Ausgangsproblems dar. Die Aufstellung der Matrix G_{k+1} ist allerdings sehr aufwendig und man möchte dies gerne vermeiden.
Nun ist aber

$$\begin{aligned}
R_{k+1} R_{k+1}^T &= Q_{k+1}^T \hat{Y}_{k+1} \hat{Y}_{k+n}^T Q_{k+1} \\
&= Q_{k+1}^T C^{-1} Y_k Y_k^T C^{-1} Q_{k+1} \\
&= Q_{k+1}^T C^{-1} Q_k V_k V_k^T Q_k^T C^{-1} Q_{k+1} \\
&= Q_{k+1}^T C^{-1} Q_k Q_k^T C^{-1} Q_{k+1} \\
&\approx (Q_{k+1}^T C^{-1} Q_{k+1})^2
\end{aligned}$$

---

*) $C := L^{-1} A L^{-T}$

sodaß die Eigenvektoren von $R_{k+1}R_{k+1}^T$ sicher gute Näherungen für die eigentlich erwünschten Eigenvektoren V_{k+1} von $Q_{k+1}^T C^{-1} Q_{k+1}$ sind.

Dies führt schließlich auf die Rechenschritte (simultane Ritziteration, RITZIT in [16])

$$4. \quad \hat{Y}_{k+1} = Q_{k+1} R_{k+1}$$

$$5. \quad G_{k+1} = R_{k+1} R_{k+1}^T$$

$$6. \quad G_{k+1} = V_{k+1} \Lambda_{k+1}^{-2} V_{k+1}^T \qquad \Lambda_{k+1} = \mathrm{diag}(\lambda_1^{(k+1)}, \ldots, \lambda_p^{(k+1)})$$

$$\lambda_1^{(k+1)} \leq \lambda_2^{(k+1)} \leq \cdots \leq \lambda_p^{(k+1)}$$

(Lösung des vollständigen Eigenwert/Eigenvektorproblems
für die p×p-Matrix G_{k+1}. Durch die Anordnung der λ's
wird die Anordnung der Spalten in V_{k+1} festgelegt.)

$$7. \quad Y_{k+1} = Q_{k+1} V_{k+1}$$

Es gilt folgende Konvergenzaussage:

<u>SATZ 2.12.1.-</u>
Seien $0 \leq \lambda_1 \leq \lambda_2 \leq \cdots \leq \lambda_p < \lambda_{p+1} \leq \cdots \leq \lambda_n$ die Eigenwerte des allgemeinen Eigenwertproblems

$$Ax = \lambda Bx \quad , \quad B = LL^T$$

mit den zugehörigen Eigenvektoren $x^1, x^2, \ldots, x^p$. Falls gilt
$$Y^T L(x^1, \ldots, x^p) \quad \text{ist invertierbar,} \quad *)$$
dann konvergieren die Spalten $y^{i,k}$ von Y_k linear gegen $L^T x^i$ mit einer Konvergenzrate $\lambda_i / \lambda_{p+1}$, (genauer:
$$\sin \sphericalangle (y^{i,k}, L^T x^i) = \mathcal{O}((\lambda_i / \lambda_{p+1})^k) \quad \rfloor$$

Es ist deshalb zur Konvergenzbeschleunigung sinnvoll, einige Spalten mehr mitzuiterieren, als man eigentlich Eigenvektoren finden will (in der Praxis zwei bis drei), weil dann die entsprechende Konvergenzraten für

---

*)d.h. die Startmatrix ist geeignet gewählt.Vergleiche Voraussetzung bei Potenzmethode.

die tatsächlich interessierenden Vektoren sich verkleinern. Man kann die
gleiche Methode benutzen, um alle Eigenwerte mit zugehörigen Eigenvektoren
zu finden, die in einem vorgegebenen Intervall [a,b] liegen. Dazu bestimmt
man zunächst mit der in 2.7 beschriebenen Methode die Anzahl p der in diesem Intervall liegenden Eigenwerte, setzt dann $\mu := (a+b)/2$ und führt das
simultane Wielandtverfahren nun am Problem

$$(A-\mu B)x = \lambda Bx$$

durch.

2.13 DAS LANCZOS-VERFAHREN

Bei der Potenzmethode, dem Wielandt-Verfahren und bei der simultanen Vektoriteration wird der k-te Iterationsschritt nur mit Hilfe der Information
aus dem (k-1)-ten Schritt durchgeführt, während doch eine ganze Vektorfolge $\{x^k\}$ (bzw. Matrixfolge $\{Y_k\}$) erzeugt wird.
Naheliegend ist es, die in dieser Folge enthaltene Information besser aus-
zunutzen.

Im Laufe der Potenzmethode sind z.B. spätestens nach n Schritten die Vektoren $x^0,\dots,x^n = A^n x^0$ linear abhängig (der Wert n wird für geeignetes x^0
jedenfalls dann erreicht, wenn alle Eigenwerte von A verschieden sind) und
aus dem Ansatz

$$\sum_{i=0}^{n-1} \alpha_i x^i = (-1)^{n+1} x^n$$

könnte man dann die Koeffizienten des charakteristischen Polynoms bestimmen
(Verfahren von Krylow). An diesem Weg sind wir aber aus den bereits in 2.2
diskutierten Gründen nicht interessiert. Wir wollen uns vielmehr zunutze
machen, daß die p größten (p fest) Eigenwerte der Matrizen

$$Q_j^T A Q_j \qquad\qquad (j \geq p) \quad,$$

worin Q_j eine Matrix ist, deren j Spalten eine orthonormierte Basis des
von $x^0,\dots,x^{j-1} = A^{j-1} x^0$ aufgespannten Raumes bilden, schon für maßvoll
großes j sehr gute Näherungen für die p größten Eigenwerte von A darstellen.

Für die praktische Verwertbarkeit dieser Idee ist es wesentlich, daß die Bestimmung der neuen Spalte q^j von $Q_j = (q^1, \ldots, q^j)$ nur wenig aufwendig ist. Es gilt

SATZ 2.13.1-

Sei A eine reell-symmetrische n×n-Matrix. Sei $(x^0, \ldots, x^{j-1}) =: X_j = Q_j R_j$ mit einer oberen Dreiecksmatrix R_j und $Q_j^T Q_j = I_j$, wo $x^k := A^k x^0$, k=0,1,2,.... Dann gilt für die q^i die dreigliedrige Rekursionsformel

$$(2.13\text{-}1) \qquad Aq^i = \beta_{i-1} q^{i-1} + \alpha_i q^i + \beta_i q^{i+1}$$

mit

$$\alpha_i = (q^i)^T A q^i \qquad i \geq 1$$

$$\beta_0 = 0$$

$$\beta_i = (q^{i+1})^T A q^i \qquad i \geq 1$$

Solange $rg(X_j) = j < n$, ist $\beta_j \neq 0$.

Der wesentliche Aufwand zur Bildung einer neuen orthonormierten Spalte (q^{i+1} in (2.13-1)) liegt also in der Bildung des Matrix-Vektor-Produktes Aq^i; die Matrix A braucht dazu natürlich garnicht gespeichert zu sein, denn es genügt, ein Unterprogramm für die Produktbildung zu besitzen, d.h. der Algorithmus ist auch für sehr großes n praktikabel. Schreibt man (2.13-1) für j =1,...,i nebeneinander, so lautet dies in Matrix-Schreibweise

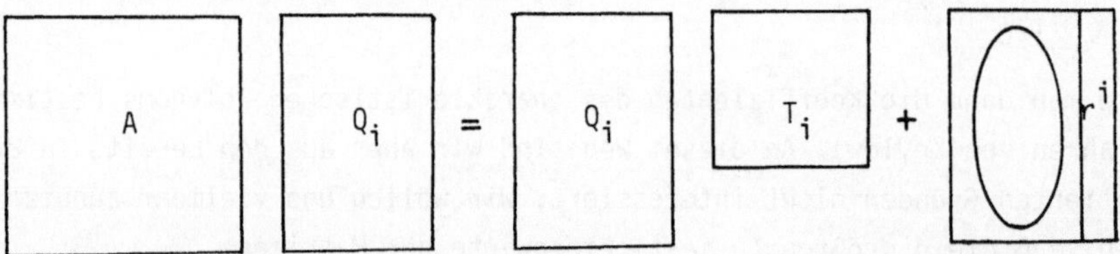

$$\gamma^i = \beta_i q^{i+1}$$

$$T_i = \begin{pmatrix} \alpha_1 & \beta_1 & & & 0 \\ \beta_1 & \alpha_2 & \beta_2 & & \\ & & & & \beta_{i-1} \\ 0 & & \beta_{i-1} & & \alpha_i \end{pmatrix}$$

d.h.

$$Q_i^T A Q_i = T_i \quad .$$

Für $i = n$ folgt natürlich, daß Q_n orthonormal und damit A orthonormal
auf Dreibandform gebracht worden ist. Zu diesem Zweck ist der Algorithmus (Lanczos-Verfahren) aber ohne Zusatzmaßnahmen aus Gründen einer hohen
numerischen Instabilität (die Orthonormalität der Spalten von Q_i geht
unter Rundungsfehlereinfluß verloren) unbrauchbar. Dennoch bleibt die
Tatsache erhalten, daß die p dominanten Eigenwerte der Tridiagonalmatrix
T_i mit $p \ll i \ll n$ sehr gute Näherungen für die p dominanten Eigenwerte von
A sind, vergleiche [8] . Man hat also parallel zum iterativen Aufbau der
Tridiagonalmatrizen nur das partielle Eigenwert/Eigenvektorproblem für
diese Tridiagonalmatrizen zu lösen, was unproblematisch ist, wie wir gesehen haben. Sind $(\mu_{j,i}, v^{j,i})$ Eigenwert/Eigenvektorpaare für T_i, dann
erhält man Eigenvektornäherungen für A aus

$$x^{j,i} = Q_i v^{j,i} \qquad j = 1, \ldots, p \quad .$$

Aus theoretischen Abschätzungen weiß man, daß brauchbare Werte für i im
Bereich $\geq 2\sqrt{n}$ liegen. Typisch ist $p = 10$, $i = 300$, $n = 10000$. Für die
praktische Brauchbarkeit des Verfahrens ist es von großer Bedeutung, daß
man zuverlässige Schätzungen für die Fehler in den Eigenwertnäherungen
$\mu^{j,i}$ und Eigenvektornäherungen $x^{j,i}$ sehr effizient erhalten kann (dazu
braucht man nicht einmal die $x^{j,i}$ zu berechnen!).

Durch den Verlust der Orthogonalität von Q_i (aufgrund von Rundungsfehlern)
werden dominante Eigenwerte mit erhöhter Vielfachheit bestimmt (vgl. Beisp.
2.13.1 und 2.13.2).
Diesen Effekt kann man vermeiden, indem man die q^i bezüglich bereits mit
"genügender" Genauigkeit gefundenen Eigenvektoren $x^{j,i}$ orthogonalisiert
(sogenannte selektive Reorthogonalisierung anstelle der aufwendigen vollständigen Reorthogonalisierung etwa mittels des Gram-Schmidt-Verfahrens),
vgl. Bsp. 2.13.2.
Auf weitere rechentechnische Details wollen wir hier nicht eingehen und
verweisen auf [1] und [8], [10].

BEMERKUNG 2.13.1.-
Definiert man die Vektorfolge $\{x^k\}$ mit Hilfe des Wielandt-Verfahrens
(Shift $\mu = 0$ oder $\mu = (a+b)/2$), so kann man entsprechend auch die
kleinsten oder die in einem vorgegebenen Intervall gelegenen Eigenwerte
von A finden. Ebenso kennt man eine Übertragung des Lanczos-Verfahrens
auf das allgemeine Eigenwertproblem.

BEISPIEL 2.13.1.-
Das folgende Beispiel demonstriert das Verhalten des Lanczos-Verfahren
unter Rundungsfehlereinfluß. Es wurde eine reell-symmetrische Matrix A
mit den Eigenwerten $\lambda_1 = 2$, $\lambda_2 = 1$, $\lambda_j = (12-j) \cdot 10^{-3}$, $j = 3, \ldots, 10$ und den
Eigenvektoren $x^j := (\sin(ij\pi/11))_{i=1}^{10}$ erzeugt und ausgehend von
$q^1 = (1, \ldots, 1)^T / \sqrt{10}$ die Matrizen $T_1, \ldots, T_{10}$ und $Q_1, \ldots, Q_{10}$ gebildet. Es
wurden jeweils alle Eigenwerte und Eigenvektoren von T_i mit dem QL-
Verfahren berechnet.

Als Kontrollgröße wurden außerdem berechnet:

$$\|Ax^{j,i} - \mu_{j,i} x^{j,i}\|_2 \quad j = 1, \ldots, i; \text{ "Norm des Defektes"(Einsetzprobe!)}$$

mit

$$x^{j,i} := Q_i v^{j,i}, \quad (\mu_{j,i}, v^{j,i}) \text{ Eigenwert/Eigenvektorpaare von } T_i$$

sowie

$$\lambda_{min}(Q_i^T Q_i).$$

Der letzte Wert wäre theoretisch immer 1, strebt aber tatsächlich gegen
null, d.h. die Spalten von Q_i werden sehr schnell abhängig.Schon vom
zweiten Lanczos-Schritt hat man dennoch den Eigenwert 2 praktisch auf
volle Genauigkeit. Vom dritten Lanczos-Schritt an kommt eine rohe Approximation für den dritten Eigenwert $9_{10}-3$ hinzu, während die übrigen $\mu_{j,i}$-
Werte nicht bestimmten Eigenwerten von A zugeordnet werden können. Daß
eine Approximation für den Eigenwert 1 zunächst fehlt, liegt daran, daß
q^1 orthogonal zum zugehörigen Eigenvektor ist. Durch eingeschleppte
Rundungsfehler geht dieser Effekt später verloren.
Im siebten Lanczos-Schritt wird β_7 praktisch null. Dies bedeutet, daß
die Eigenwerte von T_7 nun sehr gute Näherungen für solche von A werden.
Man hat Näherungen für $3_{10}-3$, $5_{10}3$, $7_{10}-3$, $9_{10}-3$, 1,2,2 praktisch auf
Maschinengenauigkeit. Daß der dominante Eigenwert 2 jetzt doppelt auf-
taucht, obwohl er ein einfacher Eigenwert von A ist, ist typisch. Gleichzeitig wird Q_7 singulär! Mit der in 2.7 beschriebenen Methode kann man
die echte Vielfachheit der Eigenwerte (bezogen auf die Ausgangsmatrix)
leicht feststellen, sodaß dieser Effekt keine praktischen Probleme auf-
wirft. Im zehnten Lanczos-Schritt erhält man schließlich die Eigenwertnäherungen

$$
\begin{array}{ll}
3.00000172_{10}-3 & \text{für } 3_{10}-3 \\[4pt]
5.00000183_{10}-3 & \text{für } 5_{10}-3 \\[4pt]
7.00000156_{10}-3 & \text{für } 7_{10}-3 \\[4pt]
7.78257458_{10}-3 & \text{für } 8_{10}-3 \\[4pt]
9.0000091_{10}-3 & \text{für } 9_{10}-3 \\[4pt]
0.836464941 \text{ und } 1 & \text{für } 1 \\[4pt]
1.99953806,\ 2 \text{ und } 2 & \text{für } 2
\end{array}
$$

Man könnte den Lanczos-Prozeß natürlich über i=n hinaus fortsetzen, weil
in der Praxis nie β_i =0 wird und würde so schließlich Approximationen für
alle Eigenwerte von A gewinnen. Aus Aufwandsgründen ist dies aber uninteressant. Wollte man aber das Lanczos-Verfahren als Tridiagonalisierungs-
verfahren zur Lösung des vollständigen Eigenwertproblems einer Matrix einsetzen, wäre obiges Ergebnis natürlich ein Desaster!

```
LANCZOS-SCHRITT  1
ALPHA[ 1 ]= 1.76005636
BETA[ 1  ]= .648328673
EIGENWERTNAEHERUNG      NORM DES DEFEKTES
 1.76005636              .648328673
MINIMALER EIGENWERT VON Q'Q .999999996
LANCZOS-SCHRITT  2
ALPHA[ 2 ]= .248212348
BETA[ 2  ]= 1.40733315E-03
EIGENWERTNAEHERUNG      NORM DES DEFEKTES
 8.26882804E-03         1.31984307E-03
 1.99999988             4.88468133E-04
MINIMALER EIGENWERT VON Q'Q .999999993
LANCZOS-SCHRITT  3
ALPHA[ 3 ]= 5.84290158E-03
BETA[ 3  ]= 1.63596378E-03
EIGENWERTNAEHERUNG      NORM DES DEFEKTES
 5.26320627E-03         1.4979051E-03
 8.84840356E-03         6.57767382E-04
 2                      4.00556402E-07
MINIMALER EIGENWERT VON Q'Q .999999699
LANCZOS-SCHRITT  4
ALPHA[ 4 ]= 5.10603865E-03
BETA[ 4  ]= 1.52321794E-03
EIGENWERTNAEHERUNG      NORM DES DEFEKTES
 2.64037166E-03         1.11450962E-03
 6.59660623E-03         9.94210214E-04
 8.98067155E-03         2.99344245E-04
 2                      7.17978708E-10
MINIMALER EIGENWERT VON Q'Q .99967184
LANCZOS-SCHRITT  5
ALPHA[ 5 ]= .389177686
BETA[ 5  ]= .776742777
EIGENWERTNAEHERUNG      NORM DES DEFEKTES
 2.63714692E-03         2.24741991E-03
 6.59402518E-03         2.01647508E-03
 8.98043626E-03         6.10520175E-04
 .389183727             .776736668
 2                      5.43778252E-10
MINIMALER EIGENWERT VON Q'Q .570223144
LANCZOS-SCHRITT  6
ALPHA[ 6 ]= 1.59954495
BETA[ 6  ]= .15965994
EIGENWERTNAEHERUNG      NORM DES DEFEKTES
 2.47171581E-03         .0115817203
 6.37796606E-03         .0165605615
 8.92493956E-03         .0141606571
 .0101333293            .0655988035
 1.97903233             .143454455
 2                      1.27725151E-09
MINIMALER EIGENWERT VON Q'Q .0105133093

LANCZOS-SCHRITT  7
ALPHA[ 7 ]= 1.01605972
BETA[ 7  ]= 3.327486E-08
EIGENWERTNAEHERUNG      NORM DES DEFEKTES
 2.00000185E-03         2.20540187E-09
 5.00000231E-03         3.04822777E-09
 7.0000016E-03          1.71659528E-09
 9.00000091E-03         1.37426417E-09
 1                      3.30909096E-08
 2                      4.65379921E-09
 2                      1.50587016E-09
MINIMALER EIGENWERT VON Q'Q 2.50656826E-09
LANCZOS-SCHRITT  8
ALPHA[ 8 ]= .0177848938
BETA[ 8  ]= .140220582
EIGENWERTNAEHERUNG      NORM DES DEFEKTES
 2.00000185E-03         1.2262637E-08
 5.00000231E-03         1.80094022E-08
 7.0000016E-03          1.26050905E-08
 9.00000091E-03         2.01988701E-09
 .0177848939            .140220582
 .999999999             4.95424141E-09
 2                      5.44787326E-10
 2                      5.40065467E-10
LANCZOS-SCHRITT  9
ALPHA[ 9 ]= 1.98286016
BETA[ 9  ]= .08839223
EIGENWERTNAEHERUNG      NORM DES DEFEKTES
 2.0000018E-03          2.53773459E-09
 5.00000222E-03         4.74587154E-09
 7.00000157E-03         7.43299148E-09
 7.82970063E-03         6.25979691E-03
 9.00000091E-03         1.43983561E-09
 .999999999             1.139247E-09
 1.99281535             .0881702966
 2                      3.91300881E-09
 2                      1.36491415E-09
LANCZOS-SCHRITT  10
ALPHA[ 10 ]= .843140529
BETA[ 10 ]= .370277609
EIGENWERTNAEHERUNG      NORM DES DEFEKTES
 2.00000172E-03         1.90825904E-09
 5.00000183E-03         2.93445271E-09
 7.00000156E-03         3.84174987E-09
 7.78257458E-03         2.78768478E-03
 9.00000091E-03         1.17536415E-09
 .836464941             .369195432
 1                      1.80638882E-09
 1.99953806             .0281508315
 2                      5.91304233E-09
 2                      2.00225326E-08
```

<u>Beispiel 2.13.2.-</u>

Berechnung der Grundfrequenzen eines beidseitig elastisch gelagerten
schwingenden Balkens. Die Diskretisierung entspricht der in 2.0.2., ledig-
lich hat man auch bei x=0 die Randbedingungen u''(0) = u'''(0) =0, d.h.
die Matrix A hat auch in der linken oberen Ecke die Gestalt

$$\begin{array}{rrrl} 1 & -2 & 1 & \\ -2 & 5 & 4 & \dots \\ 1 & 4 & 6 & \\ & \vdots & & \end{array}$$

Es wurde N=50 gewählt. Die Grundfrequenzen sind die Reziprokwerte der
kleinsten Eigenwerte von A. Deshalb wird das Lanczos-Verfahren in Verbindung mit der inversen Iteration benutzt. Der Vektor $A^{-1}q^i$ wird durch
Lösung des Gleichungssystems $Ax=q^i$ bestimmt. Dazu muß nur einmal die
(Band-)Cholesky-Zerlegung von A berechnet werden.
In der Grundversion liefert der Algorithmus die gleichen Phänomene wie
in Beispiel 2.13.1. Die kleinsten Eigenwerte werden sehr schnell mit
hoher Genauigkeit gefunden, aber bei Fortsetzung des Verfahrens entstehen
Duplikate und Triplikate. Dies tritt ein, sobald die Orthogonalität von
Q_i verloren gegangen ist (nach Lanczos-Schritt Nr.5). Die Weiterführung
des Verfahrens bringt hier keinen wesentlichen Gewinn. In einer zweiten
Version wurden jeweils alle q^i nach dem Gram-Schmidt-Verfahren bzgl.
der Näherungseigenvektoren $x^{j,i}$ orthogonalisiert, für die
$\|Ax^{j,i} - \mu_{j,i}x^{j,i}\|_2 \leqq 1.6_{10}-4$. Dies sind hier die Eigenvektoren zu den
vier kleinsten Eigenwerten. Dadurch wird vermieden, daß diese Eigenwerte
mehrfach gefunden werden. Der Eigenvektor zum   tkleinsten Eigenwert
wird dadurch nicht erfaßt und bei Verlust der Orthogonalität in Q_i
(es wird ja nicht vollständig orthogonalisiert!) wird der zugehörige Eigenwert wieder mehrfach gefunden. Auch hier zeigt es sich, daß nach Verlust
der Orthogonalität von Q_i (jetzt im 10. Schritt) eine Weiterführung des
Verfahrens nicht viel bringt.

```
*******************************************
*    LANCZOS DEMONSTRATIONSPROGRAMM    *
*    BEIDSEITIG ELASTISCH GELAGERTER   *
*    SCHWINGENDER BALKEN               *
*    EINGABE N=ANZAHL INNERER PUNKTE   *
*    DER DISKRETISIERUNG               *
*    EINGABE NL=MAXIMALE SCHRITTZAHL   *
*******************************************
N = 50
NL= 20
KEINE  SELEKTIVE ORTHOGONALISIERUNG

DIE ERSTEN  20  EIGENWERTE
  1   1.43894475E-05
  2   2.29794694E-04
  3   1.15966134E-03
  4   3.6489003E-03
  5   8.85782128E-03
  6    .0182399992
  7    .0335144259
  8    .0566323917
  9    .0897396256
 10    .1351343
 11    .195221571
 12    .272465381
 13    .369338315
 14    .488270289
 15    .631596928
 16    .801508469
 17   1
 18   1.22882388
 19   1.48944512
 20   1.78300045


LANCZOS-SCHRITT  1
ALPHA[ 1 ]= 5830.58696
BETA[  1 ]= 18797.35

     LAMBDA       DEFEKTNORM    ANZ. KORR. ZIF.
 1.71509319E-04 3.08768768          0
FROBENIUSNORM(I-Q'Q)= 6.98491931E-10


LANCZOS-SCHRITT  2
ALPHA[ 2 ]= 63792.1116
BETA[  2 ]= 3136.90772

     LAMBDA       DEFEKTNORM    ANZ. KORR. ZIF.
 3.7277136E-03 3.2307741          0
 1.4418688E-05  .0422308655        2
FROBENIUSNORM(I-Q'Q)= 1.02879591E-09


LANCZOS-SCHRITT  3
ALPHA[ 3 ]= 4089.20386
BETA[  3 ]= 839.664539

     LAMBDA       DEFEKTNORM    ANZ. KORR. ZIF.
 .0154333215   2.36064045         0
 2.40714104E-04 .22905771         1
 1.43899796E-05 6.46153869E-04    4
FROBENIUSNORM(I-Q'Q)= 1.75004534E-08


LANCZOS-SCHRITT  4
ALPHA[ 4 ]= 946.120549
BETA[  4 ]= 208.060772

     LAMBDA       DEFEKTNORM    ANZ. KORR. ZIF.
 .0524786896   3.52718161         0
 1.25781937E-03 .33603211         1
 2.2982602E-04  .0152388289       3
 1.43899751E-05 2.2943874E-06     4
FROBENIUSNORM(I-Q'Q)= 1.14859541E-06


LANCZOS-SCHRITT  5
ALPHA[ 5 ]= 276.991746
BETA[  5 ]= 92.2992423

     LAMBDA       DEFEKTNORM    ANZ. KORR. ZIF.
 .125580791    3.70935647        0
 4.51726268E-03 .561800152        0
 1.16123194E-03 .0500305608       2
 2.29795209E-04 3.71425707E-04    5
 1.43899751E-05 4.33845493E-09    4
FROBENIUSNORM(I-Q'Q)= 3.75404033E-04


LANCZOS-SCHRITT  6
ALPHA[ 6 ]= 2881.57817
BETA[  6 ]= 13530.5043

     LAMBDA       DEFEKTNORM    ANZ. KORR. ZIF.
 .127891474    3.71975298        0
 4.57342366E-03 .596650416        0
 1.16180869E-03 .0688321284      -1
 3.46636418E-04 1.41535885       -1
 2.29795166E-04 7.07271981E-04    5
 1.43899752E-05 2.8919187E-09     4
FROBENIUSNORM(I-Q'Q)= .281514569
```

```
LANCZOS-SCHRITT  7
ALPHA[  7 ]= 66743.738
BETA[  7 ]= 216.756614

    LAMBDA        DEFEKTNORM    ANZ. KORR. ZIF.
 .257072226      3.88325445         0
 .0116532546     .730169122         0
 2.68169396E-03 .143323727         -1
 1.15966716E-03 3.55120984E-03     -1
 2.29795195E-04 4.74143234E-06     -1
 1.43901098E-05 5.33862232E-03     -2
 1.43899751E-05 2.27006649E-09      4
FROBENIUSNORM(I-Q'Q)= 1.41420695


LANCZOS-SCHRITT  8
ALPHA[  8 ]= 62.0672778
BETA[  8 ]= 25.4869097

    LAMBDA        DEFEKTNORM    ANZ. KORR. ZIF.
 .473416281      4.05998688         0
 .0278762516     .942936765         0
 9.03229973E-03 .219315257         -1
 2.64921385E-03 .016822709         -1
 1.15966202E-03 1.08863762E-04     -1
 2.29795195E-04 3.10051156E-08     -1
 1.43899753E-05 1.8827714E-06      -2
 1.43899752E-05 2.52978057E-09      4
FROBENIUSNORM(I-Q'Q)= 1.41421986


LANCZOS-SCHRITT  9
ALPHA[  9 ]= 1123.0453
BETA[  9 ]= 1878.00023

    LAMBDA        DEFEKTNORM    ANZ. KORR. ZIF.
 .478765951      4.06659574         0
 .0281702997     .962262057        -1
 9.04911267E-03 .23657777          -1
 2.64933184E-03 .0216461996        -1
 1.15966203E-03 4.5652084E-04      -1
 8.89950569E-04 1.63662644         -1
 2.29795196E-04 4.00346214E-09     -1
 1.43899752E-05 2.30415178E-08     -2
 1.43899752E-05 3.39825772E-09      4
FROBENIUSNORM(I-Q'Q)= 1.58238337


LANCZOS-SCHRITT  10
ALPHA[  10 ]= 3554.73576
BETA[  10 ]= 4378.62208

    LAMBDA        DEFEKTNORM    ANZ. KORR. ZIF.
 .530717297      4.13509915         0
 .0319436096     1.23445153        -1
 .0104119551     1.21176475        -1
 8.25986361E-03 .821539902        -1
 2.64876306E-03 8.51565506E-03    -1
 1.159662E-03   1.43409956E-05    -1
 2.29795196E-04 4.06630608E-09    -2
 2.18524503E-04 .0635232216       -1
 1.43899752E-05 2.29357641E-09    -2
 1.43899752E-05 2.54106254E-09     4
FROBENIUSNORM(I-Q'Q)= 2.00268624
```

```
*****************************************
*    LANCZOS DEMONSTRATIONSPROGRAMM     *
*    BEIDSEITIG ELASTISCH GELAGERTER    *
*    SCHWINGENDER BALKEN                *
*    EINGABE N=ANZAHL INNERER PUNKTE    *
*    DER DISKRETISIERUNG                *
*    EINGABE NL=MAXIMALE SCHRITTZAHL    *
*****************************************
N = 50
NL= 10
  SELEKTIVE ORTHOGONALISIERUNG


LANCZOS-SCHRITT  1
ALPHA[ 1 ]= 5830.58696
BETA[  1 ]= 18797.35

    LAMBDA        DEFEKTNORM    ANZ. KORR. ZIF.
  1.71509319E-04 3.08768768          0
FROBENIUSNORM(I-Q'Q)= 6.98491931E-10


LANCZOS-SCHRITT  2
ALPHA[ 2 ]= 63792.1116
BETA[  2 ]= 3136.90772

    LAMBDA        DEFEKTNORM    ANZ. KORR. ZIF.
  2.7277136E-03  3.2307741           0
  1.4418688E-05  .0422300655         2
FROBENIUSNORM(I-Q'Q)= 1.02879591E-09


LANCZOS-SCHRITT  3
ALPHA[ 3 ]= 4089.20386
BETA[  3 ]= 839.664539

    LAMBDA        DEFEKTNORM    ANZ. KORR. ZIF.
  .0154333215    3.36064045          0
  2.40714104E-04 .22905771           1
  1.43899796E-05 6.46153869E-04      4
FROBENIUSNORM(I-Q'Q)= 1.75004534E-08


LANCZOS-SCHRITT  4
ALPHA[ 4 ]= 946.120549
BETA[  4 ]= 208.060765

    LAMBDA        DEFEKTNORM    ANZ. KORR. ZIF.
  .0524786896    3.52718161          0
  1.25781937E-03 .33603211           1
  2.2982602E-04  .0152388289         3
  1.43899751E-05 2.2943874E-06       4
FROBENIUSNORM(I-Q'Q)= 1.14859541E-06


LANCZOS-SCHRITT  5
ALPHA[ 5 ]= 276.986869
BETA[  5 ]= 90.4520761

    LAMBDA        DEFEKTNORM    ANZ. KORR. ZIF.
  .125584399     3.709357            0
  4.51734717E-03 .561782816          0
  1.16123261E-03 .0500277573         2
  2.29795209E-04 3.71402746E-04      5
  1.43899751E-05 5.11149743E-09      4
FROBENIUSNORM(I-Q'Q)= 1.58595735E-06


LANCZOS-SCHRITT  6
ALPHA[ 6 ]= 133.201765
BETA[  6 ]= 43.1032298

    LAMBDA        DEFEKTNORM    ANZ. KORR. ZIF.
  .256929478     3.88304647          0
  .0116482203    .729689461          0
  3.68150013E-03 .142937292          2
  1.15966706E-03 3.51118101E-03      5
  2.29795195E-04 4.4484724E-06       5
  1.43899751E-05 2.62836841E-09      4
FROBENIUSNORM(I-Q'Q)= 4.35862815E-05


LANCZOS-SCHRITT  7
ALPHA[ 7 ]= 61.33949
BETA[  7 ]= 22.0352089

    LAMBDA        DEFEKTNORM    ANZ. KORR. ZIF.
  .47363089      4.0598529           0
  .0278879529    .942005345          0
  9.03294911E-03 .218723016          1
  3.6492178E-03  .0167382617         4
  1.15966199E-03 1.07407184E-04      6
  2.29795196E-04 2.55893476E-08      5
  1.43899751E-05 2.04348218E-09      4
FROBENIUSNORM(I-Q'Q)= 4.53252052E-05


LANCZOS-SCHRITT  8
ALPHA[ 8 ]= 35.3470208
BETA[  8 ]= 13.6905933

    LAMBDA        DEFEKTNORM    ANZ. KORR. ZIF.
  .775809914     4.20404728          0
  .055792815     1.1631496           0
  .0192489423    .384230936          1
  8.86250684E-03 .0442961152         3
  2.64890197E-03 1.08867808E-03      6
  1.159662E-03   2.07652454E-06      6
  2.29795195E-04 4.17343514E-09      5
  1.43899751E-05 2.99909535E-09      4
FROBENIUSNORM(I-Q'Q)= 4.45225931E-04
```

```
LANCZOS-SCHRITT  9
ALPHA[ 9 ]= 21.4197469
BETA[  9 ]= 8.11740098

      LAMBDA         DEFEKTNORM    ANZ. KORR. ZIF.
  1.20411549      4.31474335           0
  .106445316      1.36659463           0
  .0362174237     .493921598           1
  .0182856228     .103743322           2
  8.65785706E-03  4.54524788E-03       5
  2.64890097E-03  3.56560666E-05       6
  1.15966202E-03  8.88162019E-08       6
  2.29795196E-04  1.03796646E-08       5
  1.43899752E-05  5.36074155E-09       4
FROBENIUSNORM(I-Q'Q)= 4.46246338E-04


LANCZOS-SCHRITT  10
ALPHA[ 10 ]= 13.2470144
BETA[  10 ]= 5.46896763

      LAMBDA         DEFEKTNORM    ANZ. KORR. ZIF.
  1.74281859      4.38125584           0
  .185803438      1.60299667           0
  .0651717673     .674699728           0
  .0337289387     .168784716           2
  .018240746      .0154771493          4
  8.85782268E-03  2.73291243E-04       6
  2.64890097E-03  7.89216568E-07       6
  1.15966203E-03  1.3231467E-07        6
  2.29795196E-04  1.32673203E-08       5
  1.43899752E-05  2.76274978E-09       4
FROBENIUSNORM(I-Q'Q)= 4.63137555E-04


ANZAHL VEKTORORTHOGONALISIERUNGEN= 17
```

LITERATURVERZEICHNIS

[1]   Cullum, J.K.; Willoughby, P.A. : Lanczos algorithms for large
       symmetric eigenvalue computations.
       Vol.I: Theory, Vol.II: Programs
       Boston, Basel, Stuttgart: Birkhäuser 1985

[2]   Forsythe, G.E.; Malcolm, M.A.; Moler, C.B.: Computer methods
       for mathematical computations.
       Englewood Cliffs N.J.: Prentice Hall 1977
       (Enthält u.a. Programme zur Lösung linearer Gleichungssysteme)

[3]   Garbow, J.M. et alii: Matrix Eigensystem Routines:
       EISPACK Guide, Lecture Notes in Computer Science 6,
       2. Auflage, Springer-Verlag, 1976

[4]   Garbow, J.M. et alii: Matrix Eigensystem Routines:
       EISPACK Guide Extensions, Lecture Notes in Computer Science 51,
       Springer-Verlag, 1977

[5]   Golub, G.: van Loan, Ch.F.: Matrix Computations, North Oxford
       Academic, 1983

[6]   Gupta, K.K.: Eigenproblem solution by a combined Sturmsequence
       and inverse iteration technique.
       Int. J. Numer. Math. Erg. 7 (1973), 14-42

[7]   Moler, C.B., Stewart, G.W.: An algorithm for generalized matrix
       eigenvalue problems.
       SIAM J. Numer. Anal. 10. (1973), 241-256

[8]   Parlett, B.N.: The Symmetric Eigenvalue Problem,
       Prentice Hall, Englewood Cliffs, 1980

[9]   Schwarz, H.R.: Methode der finiten Elemente,
       Stuttgart: B.G. Teubner 1980

[10]   Simon, H.D.: Analysis of the Symmetric LANCZOS Algorithm with
       Reorthogonalization Methods. LIN. ALG. Appl. 61 (1984) 101-131

[11]   Stewart, G.W.: Introduction to Matrix Computations.
         Academic Press, New York, 1973

[12]   Stoer, J.: Einführung in dienumerische Mathematik I.
         3. Auflage, Berlin-Heidelberg-New York: Springer 1979

[13]   Törnig, W.: Numerische Mathematik für Ingenieure und Physiker,
         Band 1, Berlin-Heidelberg-New York: Springer 1979

[14]   Wilkinson, J.H.: Rundungsfehler.
         Berlin-Heidelberg-New York 1969

[15]   Wilkinson, J.H.: The Algebraic Eigenvalue Problem.
         Clarendon Press, Oxford 1965

[16]   Wilkinson, J.H.; Reinsch, Ch.: Handbook for Automatic Computation.
         Vol.II: Linear Algebra. Die Grundlehren der mathematischen
         Wissenschaften, Band 186, Springer Verlag 1970

[17]   Young, D.M.: Iterative solution of large linear systems.
         New York, London   Academic Press 1971
         (Umfassendes Werk über klassische iterative Verfahren zur Lösung
          linearer Gleichungssysteme)

[18]   Zurmühl, R.: Matrizen.
         4.Auflage, Berlin-Göttingen-Heidelberg, Springer Verlag 1964

SACHVERZEICHNIS

Allgemeine Algebra und Anwendungen

Von Prof. Dr. phil. D. W. DORNINGER, Technische Universität Wien, und Prof. Dr. phil. W. B. MÜLLER, Universität für Bildungswissenschaften Klagenfurt

1984. 324 Seiten mit zahlreichen Abbildungen, Beispielen und Übungen. 16,2×22,9 cm. ISBN 3-519-02030-0. Geb. DM 42,—

Aus dem Inhalt: Operationen und Relationen (mit Beispielen aus der Verkehrsplanung und Soziologie) / Verbände und Boolesche Algebren (mit Anwendungen in der Quantenmechanik, Schaltalgebra und Aussagenlogik) / Halbgruppen (Automaten, Formale Sprachen, Beispiele aus der Biologie) / Gruppen (Anwendungen in der Zähltheorie, kristallographische Gruppen, ein Beispiel aus der Ethnologie, Elemente der Darstellungstheorie) / Ringe und Körper (Konstruktion mit Zirkel und Lineal, Statistische Versuchsplanung) / Fehlerkorrigierende Codes und Kryptographie

Proceedings of the Conference

Mathematics in Industry

October 24—28, 1983 Oberwolfach

Edited by Prof. Dr. rer. nat. H. NEUNZERT, Universität Kaiserslautern

1984. 287 pages. 16,2×23,5 cm. ISBN 3-519-02610-4. Paper DM 52,—

Contents

ORGANIZED COOPERATION BETWEEN UNIVERSITY AND INDUSTRY
R. S. Anderssen and F. R. de Hoog: A Framework for Studying the Application of Mathematics in Industry / A. B. Tayler: Oxford Study Groups with Industry; 1967—1983 / H. Wacker: Hydro Energy Optimization / J. Spanier: Applied Mathematics Education at the Claremont Colleges / H. Neunzert: Mathematics in the University and Mathematics in Industry — Complement or Contrast? / K. Hoffmann: On Establishing Contacts with Industry / M. Schulz-Reese: A Report of the „Kaiserslauterer Modellversuch": Continuing Mathematical Education / H.-E. Gross and U. Knauer: University Education as Preparation for Professional Praxis / A. M. Kempf: Mathematical Modelling in the French Grandes Ecoles. The Particular Case of the E.S.I.E.A.

INDIVIDUAL PROJECTS AT THE UNIVERSITIES
C. Cercignani: Mathematics and Fluiddynamics / M. Primicerio: Sorption of Swelling Solvents by Glassy Polymers / M. Shinbrot: Icebreaking by Hovercraft / B. Rihtarsic, F. Krmelj and I. Kuscer: Oscillations in Pipelines of Hydroelectric Power Plants / A. K. Louis: The Limited Angle Problem in Computerized Tomography / H. Frank: Computer Aided Design in Piping of Chemical Plants / W. Krüger: The Trippstadt-Problem / B. Aulbach: Trouble with Linearization

PROBLEMS POSED BY INDUSTRY
J. Bukovics: Oscillations of a Gasbody with Absorbant Walls (A Problem Occuring in Structural Acoustics of Passenger Cars) / P. Causemann: Requirements for a Calculating Program Regarding a Two-Mass Vibration System to Optimize Damping Force Characteristics for Vehicle Shock Absorbers / A. Gamst: Geometric Design of Mobile Radio Telephone Systems / U. Pallaske: Large Systems of Stiff Ordinary Differential Equations. Numerical Treatment by Systems Reduction / R. Zobel: Validation of a Vehicle Crash Model

 **B. G. Teubner Stuttgart**